新编高等院校计算机科学与技术规划教材

Flash 动画设计与制作

张　晶　牛雪婷　刘海芹　韩红芳　编著

U0350062

北京邮电大学出版社
www.buptpress.com

内 容 简 介

本书从零开始,深入浅出地介绍了 Flash CS5 的基本功能以及动画制作的步骤、方法与技巧。

全书共 7 章,从了解 Flash CS5 开始,逐步讲解了处理动画对象,制作简单动画,使用元件与实例,用 ActionScript 制作高级动画等。本书在讲解基础知识的同时,穿插了大量的、生动的小实例,难度由低到高、循序渐进。最后给出《荷塘月色》片段、《香水广告》、山东省各城市景点等综合动画的设计制作过程。

本书适合作为 Flash CS5 动画制作的基础培训教程和进阶教程,为普通高校或企业培训所用,又适合 Flash 初中级用户、Flash 动画设计与制作人员、动画设计开发与编程设计人员及个人动画制作爱好者阅读使用。

图书在版编目(CIP)数据

Flash 动画设计与制作 / 张晶等编著. --北京:北京邮电大学出版社,2013.9
ISBN 978-7-5635-3700-6

Ⅰ. ①F… Ⅱ. ①张… Ⅲ. ①动画制作软件—教材 Ⅳ. ①TP391.41

中国版本图书馆 CIP 数据核字(2013)第 223944 号

书　　　　名	Flash 动画设计与制作
著作责任者	张　晶　牛雪婷　刘海芹　韩红芳
责 任 编 辑	陈岚岚
出 版 发 行	北京邮电大学出版社
社　　　　址	北京市海淀区西土城路 10 号(邮编:100876)
发 行 部	电话:010-62282185　传真:010-62283578
E-mail	publish@bupt.edu.cn
经　　　销	各地新华书店
印　　　刷	北京鑫丰华彩印有限公司
开　　　本	787 mm×1 092 mm　1/16
印　　　张	15
字　　　数	373 千字
版　　　次	2013 年 9 月第 1 版　2013 年 9 月第 1 次印刷

ISBN 978-7-5635-3700-6　　　　　　　　　　　　　　定　价:32.00 元

前　言

随着 Flash 版本的不断更新、功能的不断加强以及网络的迅猛发展,Flash 动画的应用也越来越广泛,如教学课件、商业广告、电子杂志、影视动画、网络游戏、Flash 网站等项目的开发与制作。

为了满足广大 Flash 学习爱好者的迫切需求,由多位 Flash 动漫制作经验丰富的人员策划和编写了本书,旨在全面、细致地讲解最新版本 Flash CS5 制作动画的方法,以便读者能够快速掌握动画制作的基本步骤和方法。

本书内容丰富、结构清晰、语言通俗易懂、实例丰富并配有大量插图。书中每一章都按照"本章导读、学习目标、本章内容、思考与练习"的结构进行组织讲述。每一章内容中都安排了若干个课堂练习,最后还有一个或几个综合实例。无论是课堂练习还是综合实例都给出了详细的设计步骤,每一个设计步骤后都配以操作截屏图,以便更直观、清晰地展示操作过程。每一章的思考练习都设置了一个操作题,以帮助读者巩固所学内容,通过实践操作强化所学知识。

本书由浅入深地讲解了 Flash CS5 的基础知识、使用方法以及动画制作的核心技术。第 1章主要介绍 Flash CS5 的基本概念、面板的功能及使用方法等,如位图、时间轴、元件等概念,以及时间轴面板、动作面板和属性面板等面板的功能及使用方法。第 2 章主要介绍图形的绘制和处理、文本特效的设置、动画对象的移动和变形等动画对象的基本处理方法。第 3 章主要介绍动画制作的基本过程,图层、时间轴的使用方法,如逐帧动画、补间动画、引导动画和遮罩动画等基本制作方法和动画预设的使用方法等。第 4 章主要介绍元件、实例与库,它们是 Flash动画三大元素的特点和使用方法,例如,图形元件、按钮元件、影片剪辑元件的创建及其属性的设置;元件与实例的区别、实例的分离与变形、库面板的使用方法、外部文件的导入等。第 5 章主要介绍脚本语言 ActionScript 的基本概念、使用方法、动作面板的使用,例如,动作面板各部分功能的介绍、代码的添加、外部 AS 文件的创建、动画制作常用语句,为按钮、影片剪辑、帧添加常用动作语句的方法等。第 6 章主要介绍 Flash 影片测试与发布的相关内容,如对元件、图形、播放速度等优化的目的、影片测试方法、发布设置、导出方法等。第 7 章主要介绍 Flash 动画的综合应用设计过程,首先给出设计思想,再详细介绍制作步骤,每一步操作都介绍得详细而准确,确保读者能够根据给出的操作步骤做出相应的动画效果。本章综合实例有朱自清《荷塘月色》片段动画设计、《香水广告》动画设计、山东省各城市景点动画设计。整个学习流程联系紧密,环环相扣,让读者在掌握 Flash 创作方法和技巧的同时,享受无比的学习乐趣。本书既适合作为 Flash CS5 动画制作的基础培训教程和进阶教程,为普通高校或企业培训所用,又适合 Flash 初中级用户、Flash 动画设计与制作人员、动画设计开发与编程设计人员及个人动画制作爱好者阅读使用。

本书能够顺利出版,是整个工作团队共同努力的结果。本书主要由聊城大学东昌学院电子科学系的张晶、牛雪婷、刘海芹编著。参与本书编写工作的还有泰安一中的周鑫老师。参与本书编辑工作的人员有:苑广松、张燊、张英、臧燕、张明清、常福娇、张家傲等。感谢读者的支持,我们将不断努力,为您奉献更为优秀的动画创作、图像处理、课件制作等电脑应用书籍。

在编写过程中,我们力求精益求精,但疏漏之处也在所难免,恳请广大读者批评指正。读者在学习的过程中,如果遇到问题,可以联系作者(E-mail:dcxydzx@126.com)。

作 者

目　　录

第1章 了解 Flash

本章导读

　　Flash 是一款交互式多媒体动画制作软件,它可以将图像、音频、视频等多媒体素材与丰富多彩的界面融合在一起,通过流式播放技术设计出引人入胜的动态效果。本章通过对 Flash 的详细介绍,旨在令初学者认识 Flash CS5 的工作环境和工作面板,掌握基本概念,了解 Flash 动画制作的基本过程,熟悉 Flash CS5 各种工具的基本使用方法,为以后章节的进一步学习打下良好的基础。

学习目标

- 了解 Flash CS5 的源文件为 ∗.fla,影片格式为 ∗.swf。
- 了解 Flash CS5 的工作界面:标题栏、菜单栏、工具箱、时间轴、工作区等基本窗口元素。
- 掌握 Flash CS5 的新增功能。
- 会创建新文档并能打开最近使用过的文档等基本操作。
- 掌握 Flash CS5 的基本概念:矢量图、位图、帧、时间轴、图层、场景、元件与实例等。
- 掌握工具箱各按钮的名称及其使用。
- 掌握时间轴面板、功能面板组、动作面板和属性面板等面板的功能及使用方法。

1.1　Flash CS5 简介

　　Flash 是一种交互式矢量多媒体动画制作软件,由 Macromedia 公司推出,目前最新版本为 2012 年发布的 Adobe Flash Professional CS6,是 Web 上重要的动画制作工具。Flash 可以将图像、音频、视频等多媒体素材与丰富多彩的界面融合在一起,通过流式播放技术设计出引人入胜的动态效果。随着 Internet 技术的迅猛发展,人们已经不满足于浏览单一、枯燥的静态页面,为了更能吸引读者,设计人员早已将目光转向制作高品质的动态页面,Flash 强大的动画设计功能可使设计人员轻松创建电子相册、应用程序以及其他与用户交互的内容。目前,Internet 已经出现许多基于 Flash 技术的网站,像微软的 MSN 新闻站就采用了大量的 Flash 动画。

1.1.1 概述

1. Flash 的特点

Flash 涉及动画制作、课件制作、网页设计及广告制作等多个领域，由于其操作简单、易于学习、通用性好，已被越来越多的人们使用。Flash 的功能特点可归纳为以下几个方面。

① Flash 软件绘制矢量式图形，其操作是在矢量图形系统基础上进行的，采用矢量元素制作的动画，可实现利用较小的空间产生高品质、动态的画面效果。

在网络应用领域，由于 Flash 采用矢量图形元素，随意放大、缩小而不会失真，因而在一般浏览器上都可以保证俱佳的浏览效果。

② Flash 可以实现图形图像、音频及视频等多媒体元素的完美融合，该特点可以使用户轻松创建一个 Flash 站点。同时，Flash 还提供了十分方便的绘图功能，绘图工具齐全、色彩丰富，可以为用户在二维页面上创作较强立体感的图片提供方便。

③ Flash 提供了强大、便捷的动画编辑功能，使用者可使用 Action 和 FS Command 实现高质量、强交互的效果，使用者可以根据需要自由设计。另外，利用 Flash 制作的动画文件占用空间较小，可以方便地将其嵌入到用户所设计网页的任意位置。

2. Flash 的发展

由于 Flash 独特的片断分割技术和重组嵌套技术，使其为使用者提供了灵活的操作界面及动画设计功能，目前被大家公认为是"最小巧灵活的前台"。利用 Flash 制作的动画最早流行于互联网，随着网络技术的不断发展，这一基于矢量动画的制作工具使具有丰富想象力的动画设计者体会到了将思想可视化的方便快捷。在如今的互联网上，无数的"闪客"一族借助 Flash 实现了他们的创意及梦想。近年来在各大电视台动画频道播出的层出不穷的 Flash 动画片，也得到了广大业内人士及电视观众的一致好评。

Flash 的前身是出现于 1996 年的 Future Splash. Flash，随着互联网技术的不断发展，从 Flash 3.0 开始逐渐被人们所重视。于 1999 年 6 月发布了 Flash 4.0 以后，Flash 动画开始在互联网上大量传播，并逐渐成为网页交互动画制作的首选软件。Flash 动画改变了以往枯燥单一的静态页面形式，以最少的空间占用率、最简单的操作方式、最快的播放速度丰富了大众的网络生活。Flash 所具有的跨平台特性可使用户在任何安装有 Flash Player 的平台上得到一致的效果，因而，其发展前景非常广阔，应用领域可延伸至手机应用、Flash 游戏开发、Web 应用、教育教学等领域。

3. Flash CS5 的新增功能

2010 年 Adobe 发布了 Flash CS5 创作套装，作为创作软件，每一次更新都不能简单视为修改图标、界面或者修补漏洞，在功能上的完善和创新尤其值得注意和学习，通过介绍 Flash CS5 新增功能，帮助大家更加高效地完成动画创作。

（1）FlashBuilder 集成功能

对开发人员来讲，Flash CS5 更加友好，这主要体现在 Flash CS5 可以与目前最新版本的 Flash Builder 协作来完成项目，对于使用 Flash CS5 的动画创作者，可通过导出对话框建立一个新的 Flash Builder 项目。而对于使用 Flash Builder 的创作者来说也非常方便，即按照"相反"的过程来创建项目。

（2）增强了代码易用性方面的功能

Flash CS5 中增加了一个新的"代码示例面板"，可用来帮助动画创业者轻松生成和学习代码，代码编辑器方面继续增强，增加了包括自定义类的导入和代码提示方面的功能。

（3）骨架工具大幅改进

Flash CS5 中的骨架只需向姿势图层添加帧并在舞台上重新定位骨架即可创建关键帧，姿势图层中的关键帧称为姿势。由于骨架通常用于动画目的，因此每个姿势图层都自动充当补间图层。Flash CS5 支持在时间轴中对骨架进行动画处理，也可将骨架转换为影片剪辑或图形元件以实现其他补间效果，还可通过使用 ActionScript 3.0 为运行动画准备骨架。工具箱中的骨骼工具如图 1-1 所示。

（4）新增 Deco 绘制工具

Flash CS5 借助为 Deco 工具新增的一整套刷子帮助动画创作者为动画添加高级动画效果。工具箱中的 Deco 工具如图 1-2 所示。

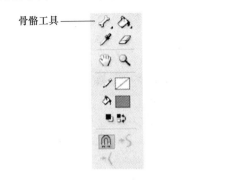

图 1-1　骨骼工具

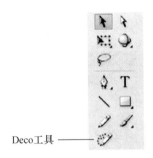

图 1-2　Deco 工具

1.1.2　界面初识

1. 开始界面

启动 Flash CS5 之后，将会出现如图 1-3 所示的开始界面，用户可在此界面中方便地新建文件、打开最近操作过的文件或者通过系统提供的模板创建文件等。

（1）打开最近项目

在该列表中可以通过鼠标单击相关选项打开最近操作过的工作文件，也可通过单击"打开"命令调出"打开"对话框，选择已建立的文件进行查看、编辑等相关操作。

（2）创建新项目

在该列表中列出了 Flash CS5 能创建的所有文档类型，可通过鼠标单击相应项目完成工作文件的新建操作。

（3）从模板创建

在该列表中列出了 Flash CS5 支持的常用模板类型，可根据需要通过鼠标单击相应类型完成工作文件的新建操作。

（4）开始界面的隐藏与显示

隐藏或显示开始界面操作可通过【编辑】菜单中的【首选参数】命令打开"首选参数"对话框，在"常规"类别中将"启动时"设置为"欢迎屏幕"，如图 1-4 所示。

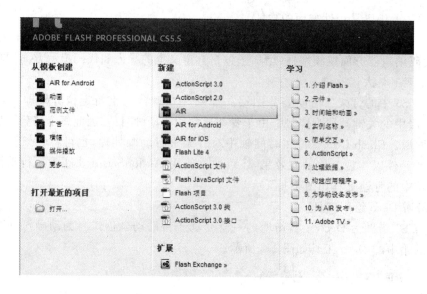

图 1-3　开始界面

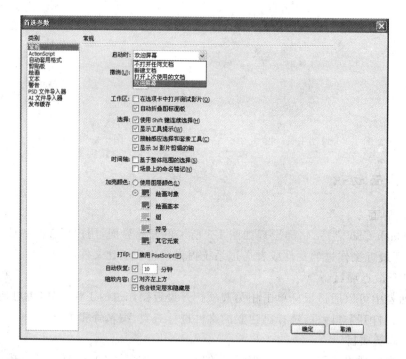

图 1-4　"首选参数"对话框

2. 操作环境

Flash CS5 操作环境主要由菜单栏、工具箱、时间轴、舞台、属性面板等部分组成,用户可以通过"窗口"菜单打开或关闭相关选项,如图 1-5 所示。

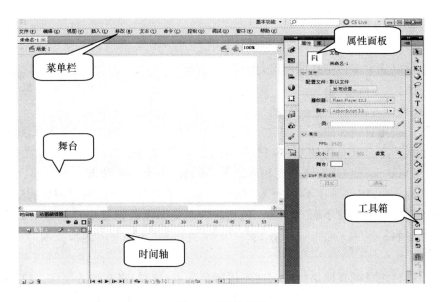

图 1-5 操作界面

（1）菜单栏

Flash CS5 的菜单栏由文件、编辑、视图、插入、修改、文本、命令、控制、窗口及帮助 10 个菜单组成，单击每个菜单都会显示相应的下拉菜单，其中提供了几乎所有的 Flash CS5 命令项，通过执行相应的命令项完成相关操作。

（2）工具箱

Flash CS5 窗口左侧是工具箱，它提供了绘图所需的四大类工具，分别为"工具"、"查看"、"颜色"和"选项"，"工具"部分包含了图形绘制、编辑及着色工具，其中【部分选取】工具可通过改变选取的节点修改图形轮廓；【套索工具】可用于选择不规则的图形区域；【椭圆】工具既可绘制椭圆又可绘制圆；【填充变形】工具主要用于填充色的变形处理；【橡皮擦】工具可擦除编辑区中的图形和线条。

（3）时间轴面板

时间轴面板用来管理图层和处理帧。时间轴也可以被隐藏，从而腾出更多空间来显示舞台。

（4）属性面板

属性面板显示了舞台或时间轴上当前选中对象的常用属性，并允许用户对被选中对象的属性进行修改。选中对象不同，属性面板的内容也将发生变化。

1.2　基本概念

在进行 Flash 动画设计之前，应该先掌握一些基本概念，例如，矢量图、位图、帧、时间轴、图层、场景、元件、实例等。

1.2.1 矢量图和位图

计算机可以显示多种格式的图像,但目前在 Flash 中主要支持两种格式的图像,分别是矢量图和位图。

1. 矢量图

矢量图是指用直线和曲线的数学方式描述的图像。矢量文件中的图形元素称为对象,每个对象都是一个自成一体的实体,它具有颜色、形状、轮廓、大小和屏幕位置等属性。例如,矢量图可以在保持它原有清晰度和弯曲度的同时,多次移动和改变它的属性,而不会影响图中的其他对象;矢量图在不同分辨率的显示器上显示都不会影响它的显示质量;对于矢量图也可以任意放大或缩小而不失真。但它的缺点是图像数据量小且色彩不够丰富,无法表现逼真的景物。

2. 位图

位图是指使用排列在网格内的一些不同颜色的点(像素)来描述的图像。位图图像也称为点阵图像或绘制图像,由像素(图片元素)组成。图像处理软件 Photoshop 就主要用于处理位图图像。当处理位图图像时,可以优化微小细节,进行显著改动,以增强效果。当放大位图图像时,可以看见构成整个图像的无数个单个方块;扩大位图尺寸的结果是增加单个像素,从而使线条和形状显得参差不齐。当我们把位图放大时,图像的边缘将会出现明显的锯齿状。缩小位图尺寸也会使原图变形,因为是通过减少像素来使整个图像变小的。处理位图时,输出图像的质量决定了处理过程开始时设置的分辨率的高低。分辨率是指一个图像文件中包含的细节和信息的大小,以及输入、输出设备能够产生的细节程度。当对位图进行操作时,分辨率的大小既会影响最后输出的质量也会影响文件的大小。

在 Flash 中可以直接绘制矢量图,如果要使用位图,必须使用它的导入功能,把外部的位图导入到 Flash 中。由于位图占用空间大,编辑时质量会发生变化,特别是在放大时质量会下降,因此,在制作动画时应该尽量多用矢量图,少用位图,使生成的动画文件尽可能的小,便于在网络中传输,如图 1-6 所示。

图 1-6　矢量图和位图

1.2.2 帧和时间轴

1. 帧

Flash 动画是通过连续显示一系列静止图像形成的,类似于电影胶片。组成动画的多幅静止图像按时间的先后顺序排列在时间轴上,每一幅图像叫做一帧。在 Flash 动画中,帧可以分为关键帧、空白关键帧、过渡帧和空白帧。

（1）关键帧(Keyframe)

关键帧是指定义了动画中对象属性变化或分配了动作的帧。对象属性包括位置、大小、颜色等。关键帧定义了一个过程的起始和终结，又可以是另外一个过程的开始。例如，小学生课间操的上肢运动过程中，提起手臂是手臂水平伸直的起始关键帧，手臂水平伸直是提起手臂过程的结束关键帧；同时，作为下一个动作的延续，手臂水平伸直又可以是手臂越过头顶这个过程的开始关键帧，而手臂竖直向上是手臂越过头顶这一过程的结束关键帧。

（2）过渡帧(Frame)

起始关键帧和结束关键帧之间的帧被称为过渡帧，过渡帧一般用灰色表示。在进行动画制作过程中，我们不必理会过渡帧的问题，只要定义好关键帧以及相应的动作就可以了。

提示：既然是过渡部分，那么这部分的延续时间越长，整个动作变化就越流畅，动作前后的联系就越自然。但是，如果中间的过渡部分过长，将会造成整个文件过大，这也是动画设计过程中需要考虑的。

（3）空白关键帧(Blank Keyframe)

在一个关键帧里，如果什么对象也没有，就称为空白关键帧。一些需要进行动作(Action)调用的场合，经常用到空白关键帧。

（4）空白帧(Blank Frame)

时间轴中没有使用的帧称为空白帧，空白帧又称未用帧。

2. 时间轴

时间轴用于创作动画过程中组织和控制文档内容在一定时间内播放的层数和帧数。层和帧中的内容随时间的改变而发生变化，从而产生动画，时间轴主要由层、帧和播放头组成，时间轴的状态行指示当前帧的编号、当前帧的速度和播放到当前帧时用去的时间，而在动画播放时时间轴显示的是实际的帧速度。

我们不仅可以改变时间轴的大小，还可以改变时间轴中可见的层数和帧数，当时间轴窗口不能显示所有的层时，可使用时间轴右边的滚动条查看其余的层，如图1-7所示。

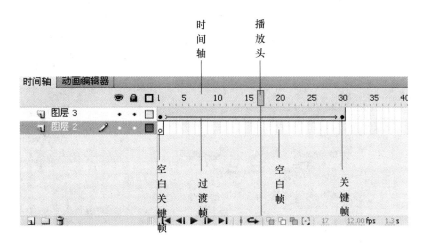

图1-7 帧和时间轴

1.2.3　图层和场景

1. 图层

在 Flash 动画中,可以将图层看成是一张张透明的纸,每张纸上都有不同的内容,将这些纸叠加在一起就组成了一幅比较复杂的画面。在某个图层上添加内容,会遮住下一图层中相同位置的内容。如果其上一图层的某个位置没有内容,透过这个位置就可以看到下一图层相同位置上的内容。Flash 中的多个图层之间是相互独立的,拥有独立的时间轴,包含独立的帧,可以在某个图层上绘制和编辑对象,而不会影响其他图层上的对象。当创建一个新的 Flash 文档后,时间轴上的图层区就会自动创建一个新图层。

图层的作用主要有两个方面:一是对某一图层中的对象或动画进行编辑和修改,不会影响其他图层中的对象;二是利用特殊图层可以制作特殊的动画效果,例如,利用遮罩层可以制作遮罩动画,利用引导层可以制作路径动画等。在 Flash 的主操作界面,图层位于时间轴窗口左侧,每一个图层都由若干帧组成,每个 Flash 动画都可以包含一至多个图层。

2. 场景

Flash 中的场景就像电影里的分镜头一样,由 Flash 动画中既相互联系又性质不同的多个镜头组成。我们知道,每一部电影都不可能仅使用一个镜头来拍摄,因为这既不符合观众的视觉习惯,又减弱了作品的感染力。动画的制作与此类似,复杂的动画需要多个场景,Flash 通过场景的切换来实现与影视作品一样的分镜头效果。当制作一个较长的动画时,如果只使用一个场景,时间轴就会太长,操作起来不太方便,这时最好分为多个场景来实现,如图 1-8 所示。

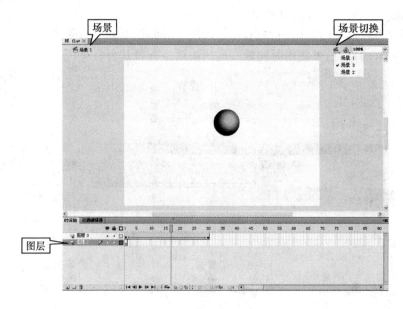

图 1-8　图层和场景

1.2.4　元件与实例

1. 元件

元件是指在 Flash 中创建的图形、按钮或影片剪辑。我们可以从头至尾在影片中重复使用元件。元件也包含从其他应用程序中导入的图像,任何创建的元件都会自动变成当前元件库的一部分。

2. 实例

实例是指位于舞台上或嵌套在另一个元件内的原件副本。实例可与它的元件颜色、大小及功能上差别很大。元件的使用简化了文档的编辑,编辑原件会更新它的所有实例,但对元件的一个实例应用效果则只能更新该实例。元件不仅可以像按钮或图形那样简单,也可以像影片剪辑那样复杂。创建元件后,必须将其存储到【库】面板中。实例只是对元件的引用,它通知 Flash 在该位置绘制指定元件的一个副本。通过使用元件和实例,可以使资源更易于组织,使 Flash 文件更小,如图 1-9 所示。

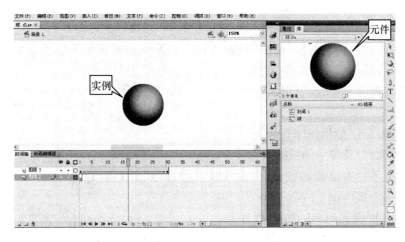

图 1-9　元件和实例

1.2.5　Flash CS5 的安装、运行与退出

1. Flash CS5 的安装

在使用 Flash CS5 进行动画创作之前,我们首先需将 Flash CS5 安装在机器上,它的具体安装步骤如下。

① 打开"资源管理器",找到 Flash CS5 安装软件所在的文件夹,如图 1-10 所示。

图 1-10　Flash CS5 安装文件

② 双击图标,出现 Flash CS5 的安装画面,如图 1-11 所示,单击"安装"按钮进入安装过程,在系统提示下完成所有安装步骤后,系统将出现如图 1-12 所示安装完成画面,完成 Flash CS5 的安装。

图 1-11　安装画面　　　　　　　　　图 1-12　安装完成画面

2. Flash CS5 的运行

启动 Flash CS5 中文版有如下 3 种方法。

① 在桌面上找到中文 Flash CS5 的快捷方式![icon],直接双击启动。

② 单击"开始"按钮,选择"程序"菜单的下层子菜单,在弹出的下层子菜单中选择"Adobe Flash Professional CS5"命令。

③ 打开资源管理器,找到可执行文件 Flash.exe,双击。

3. 退出

退出 Flash CS5 应用程序有如下 3 种方法。

① 单击"文件"菜单中的"退出"命令。

② 单击标题栏右边的![icon]按钮。

③ 按下组合键"Alt＋F4"。

如果在退出 Flash CS5 之前,程序还没有保存则会弹出一个对话框,询问是否保存文件,在如图 1-13 所示的对话框中单击【是】按钮,保存程序后退出;单击【否】按

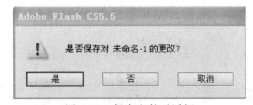

图 1-13　保存文件对话框

钮,不保存程序退出;单击【取消】按钮,取消操作,返回到 Flash CS5 程序窗口。

1.3　基本操作

1.3.1　Flash CS5 文档的基本操作

1. 新建文档

在 Flash CS5 中新建文档有以下 4 种方法。

① 启动 Flash CS5 时新建文档。在开始页中有两种方法创建新文档,分别为【从模板创建】和【新建】。选择开始页中【新建】项目中的"ActionScript 3.0"即可创建新文档。

② 选择菜单命令新建文档。选择【文件】菜单中的【新建】命令,在弹出的新建文档对话框中,选择【常规】选项卡中的【Flash 文档】命令即可创建一个新的空白文档。

③ 用常用工具按钮新建文档。在常用工具栏中选择【新建】按钮即可快速生成一个空白文档。

④ 从模板创建文档。选择【文件】菜单中的【新建】命令,在弹出的新建文档对话框中,选择【模板】选项卡中的一个命令即可创建一个基于模板的文档。

利用【幻灯片演示文稿】模板类中的【简明型幻灯片简报】模板创建一个文档,运行后初始界面如图 1-14 所示。

图 1-14　模板文档

该界面中只有"柠檬月工作室"文本是自己输入的,其他内容都由模板自动生成。通过模板自动生成的还包括幻灯片整体架构以及每一屏幕中内容的基本组织结构,模板自动生成的这些内容用户都可以根据自己的需要进行更改。

2. 保存文档

选择【文件】菜单中的【保存】、【另存为】、【保存并压缩】或【另存为模板】命令都可实现对 Flash 源文件(扩展名为.fla)的保存。【文件】菜单中的【全部保存】命令与执行【保存】命令的功能相同。

3. 打开文档

在 Flash CS5 中打开文档有以下 6 种方法。

① 启动 Flash CS5 时打开文档。选择开始页中的【打开最近项目】下面的【打开】命令,弹出"打开"对话框,选择要打开的文档,单击"打开"按钮。拖动选择多个文档,可以同时打开多个选中文档。

② 利用【文件】菜单中的【打开】命令。选择【文件】菜单中的【打开】命令也可以弹出"打开"对话框。

③ 通过【打开最近的文件】命令打开最近打开过的文件。

④ 直接拖入文件进行打开。当 Flash 文档所在的文件夹窗口已经打开时,可以选择需

要打开的 Flash 文档,直接拖动它到 Flash 窗口中,也可以打开该文档。

⑤ 使用常用工具栏中的【打开】按钮,打开"打开"对话框,进而打开所需文件。常用工具栏如果被隐藏了,可以使用【窗口】菜单中【工具栏】后面的【主工具栏】命令打开。

⑥ 使用【复制窗口】命令。在制作动画的过程中,如果我们想使用某个 Flash 文档而又不想在原文档上进行修改时,可以复制此窗口,然后在新窗口中进行编辑修改。执行【窗口】菜单中的【直接复制窗口】命令,即可在新的窗口中打开要使用的文档。

在 Flash 工作界面中,默认情况下,文档选项卡按文档创建的时间顺序进行排列,可以通过鼠标拖动文档选项卡来更改它们的排列顺序。

4. 关闭文档

下列两种方法可以关闭文件。

① 执行【文件】菜单中的【关闭】命令,或按 Ctrl+W 组合键。

② 单击常用工具栏中的 ⊠ 按钮,关闭文件。

1.3.2 工具箱的使用

使用工具箱中的工具可以选择、绘制、修改、填充颜色、设置工具选项等。要打开工具箱,可以选择【窗口】菜单中的【工具】命令,工具箱界面如图 1-15 所示。单击工具箱中的某个命令即可使用。

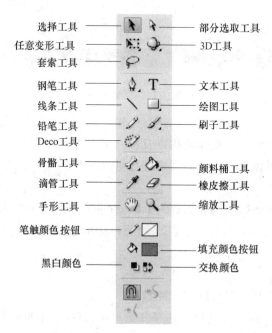

图 1-15 工具箱

- 【选择】工具:用于选定、拖动对象等操作。
- 【部分选取】工具:可以选取对象的部分区域。
- 【任意变形】工具:对选取的对象进行变形。
- 【3D】工具:用于制作 3D 效果。

- 【套索】工具：选择一个不规则的图形区域，并且还可以处理位图图形。
- 【钢笔】工具：可以使用此工具绘制曲线。
- 【文本】工具：在舞台上添加文本，编辑现有的文本。
- 【线条】工具：使用此工具可以绘制各种形式的线条。
- 【绘图】工具：用于绘制矩形、圆形等几何图形。
- 【铅笔】工具：用于绘制折线、直线等。
- 【刷子】工具：用于绘制填充图形。
- 【Deco】工具：用于绘制各种特殊效果。
- 【骨骼】工具：用于制作骨骼动画。
- 【颜料桶】工具：用于编辑填充区域的颜色。
- 【滴管】工具：将图形的填充颜色或线条属性复制到其他图形线条上，还可以采集位图作为填充内容。
- 【橡皮擦】工具：用于擦除舞台上的内容。
- 【手形】工具：当舞台上的内容较多时，可以用该工具平移舞台以及各个部分的内容。
- 【缩放】工具：用于缩放舞台中的图形。
- 【笔触颜色】按钮：用于设置线条的颜色。
- 【填充颜色】按钮：用于设置图形的填充区域。

1.3.3　面板的使用

　　时间轴面板、功能面板组、动作面板和属性面板分别默认在工作界面的上方、右侧和下方展示。可以从【窗口】菜单中选择需要的面板，如颜色面板、库面板、变形面板等，也可以选择【窗口】菜单中隐藏面板命令隐藏所有面板，也可以单独拖动某个面板改变其位置，以达到最佳使用效果，以下是几种常用面板的使用方法。

　　1. 时间轴面板

　　时间轴面板用于组织和控制一定时间内的图层和帧中的内容。图层就像堆叠在一起的多张幻灯胶片一样，每个图层都包含一个显示在场景中的不同图像。时间轴的主要组件是【图层】、【帧】和【播放头】。

　　图层列在时间轴左侧，每个图层中包含的帧显示在该图层名右侧的一行中。时间轴面板顶部的帧标尺指示帧编号。播放头指示当前在场景中显示的帧，播放文件时，播放头从左向右通过时间轴。时间轴状态显示在时间轴面板的底部，它指示所选的帧编号、当前帧频以及到当前帧为止的运行时间。

　　时间轴面板用于显示文件中哪些地方有动画，包括逐帧动画、补间动画和运动路径。单击 时间轴 按钮可以显示或隐藏整个时间轴，使用时间轴面板的图层部分中的控件组 可以【隐藏】、【显示】、【锁定】或【解锁】图层，并能将图层内容显示为【轮廓】，可以将帧拖放到不同位置，或是拖放到不同图层中。

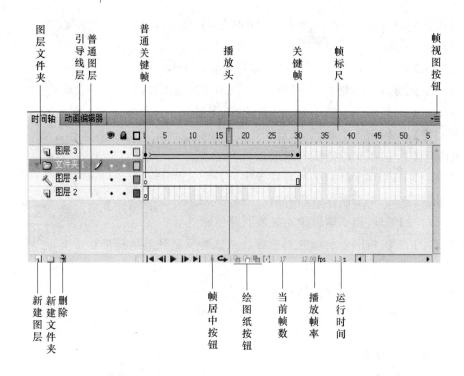

图 1-16 时间轴面板

2. 属性面板

当选中舞台上的一个矢量图形对象时，"属性"面板上也将出现该矢量图形的相应属性，如图 1-17 所示。

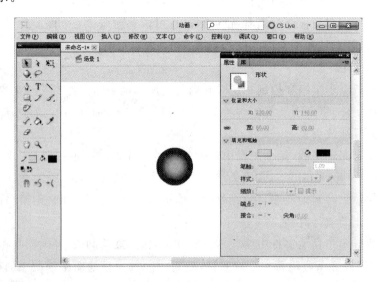

图 1-17 图形对象属性

如果选择的是场景中的实例，"属性"面板就会显示实例的相应属性，如图 1-18 所示。

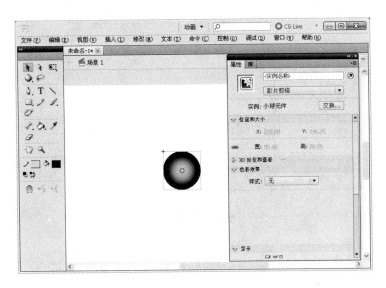

图 1-18 实例对象属性

　　如果选择的是时间轴上的帧,"属性"面板就会变成帧的相应属性,如图 1-19 所示。

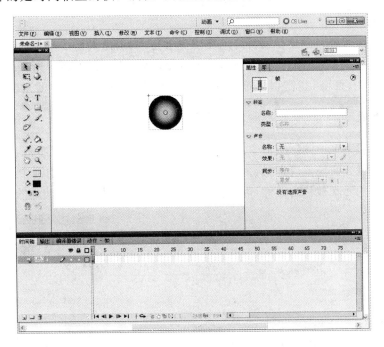

图 1-19 帧属性

　　如果在文档中没有选择任何元素,则"属性"面板会显示当前动画文档的属性,在"文档属性"对话框中可直接对文档的"FPS(帧频)"、"舞台"的背景颜色等属性进行设置;如果要修改文档的尺寸,可单击"大小"后面的按钮,在打开的"文档属性"对话框中进行设置。

3. 动作面板

　　动作面板可以创建和编辑对象或帧的 ActionScript 代码,主要由"动作工具箱"、"脚本导航器"和"脚本"窗格组成,如图 1-20 所示。该面板的具体应用,后面章节有详细讲解,不再赘述。

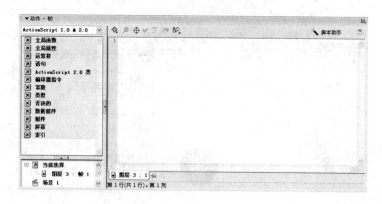

图 1-20 动作面板

4. 功能面板组

Flash CS5 面板组默认显示在工作界面的右侧,包括了各种可以折叠、移动和任意组合的功能面板,以方便用户进行动画的各种编辑操作,例如,可以用于创建库项目、编辑颜色、查看舞台中选中对象的信息等。用户可以同时打开多个面板,也可以关闭暂时不用的面板,用户还可以根据需要显示或隐藏工作区中的面板和面板组。

(1)颜色面板

使用颜色面板可以创建和编辑纯色及渐变填充,调制出大量的颜色,可以设置笔触、填充色和透明度等。如果已经在舞台中选定了对象,那么在颜色面板中所做的颜色改变会随之应用到该对象,否则,还需要用颜料桶等工具将改变赋予舞台中的对象。颜色面板如图 1-21 所示。

(2)库面板

使用【窗口】菜单中的【库】命令或按 Ctrl+L 组合键即可打开库面板,如图 1-22 所示。在库面板中可以方便快捷地查找、组织和调用资源。库面板提供了动画中数据项的很多信息。库中存储的元素被称为元件,可以重复利用,从而可以大大提高动画的创作效率。

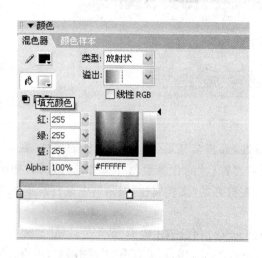

图 1-21 颜色面板

图 1-22 库面板

1.4 综合应用实例——图片欣赏动画

设计思想:作为本书中第一个动画实例,本着简单易做的原则,兼顾界面美观的要求,将实现对几幅花儿图片的动态展示(如图1-23所示),在带给读者美好感受的同时,希望能够带动读者学习 Flash 动画制作的兴趣。

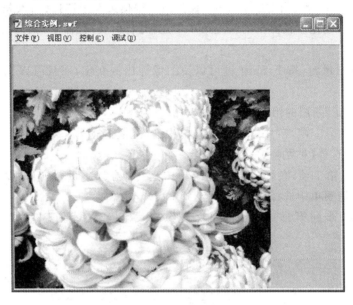

图1-23 图片欣赏动画运行界面

① 启动 Flash CS5,选择【创建新项目】栏目中的【Flash 文档】命令,新建一个 Flash 文档。

② 单击【修改】菜单中的【文档】命令,弹出【文档设置】对话框,如图1-24所示,修改【背景颜色】为粉红色(FFCCFF),其他取默认值,单击【确定】按钮。

③ 选择【文件】菜单中的【导入】子菜单中的【导入到库】命令,弹出"导入到库"对话框,在对话框中选择所要导入的素材,单击"打开"按钮,素材即被导入到库中,如图1-25所示。

图1-24 【文档属性】对话框

图1-25 导入库中的文件

④ 按 Ctrl＋L 组合键打开库面板，第③步导入的文件已经显示在"库"面板中，见图 1-25。

⑤ 新建 3 个图层，连同原有默认图层，名称分别为"石榴花"、"油菜花"、"野菊花 2"、"菊花 2"。

⑥ 选中"石榴花"图层的第一帧（默认为关键帧），将库中的"石榴花"位图拖入到舞台中，单击选中"石榴花"图片，在"属性"面板中设置图片的属性，单击 🔒，使得宽、高等比例变化，设置宽为 100px，设置图片最左上角像素点在舞台中的坐标，即 x:147.1,y:114.0。

⑦ 右键单击"石榴花"图层第 30 帧，在弹出的快捷菜单中选择【插入关键帧】命令，右键单击舞台中的"石榴花"，在弹出的快捷菜单中选择【自由变换】命令，调整"石榴花"图像覆盖整个舞台。

注意：调整图像时，按下 Shift 键可以使图像等比例变化，而且可以使图像中心的位置保持不变。

⑧ 在"石榴花"图层的第 40 帧插入关键帧。

⑨ 右键单击第 1 帧，在弹出的快捷菜单中选择【复制帧】命令，右键单击第 50 帧，在弹出的快捷菜单中选择【粘贴帧】命令。

⑩ 右键单击第 1 帧，在弹出的快捷菜单中选择【创建补间动画】命令，右键单击第 40 帧，在弹出的快捷菜单中选择【创建补间动画】命令。

⑪ 依照第⑥步到第⑩步，处理"油菜花"、"野菊花 2"、"菊花 2"3 个图层，如图 1-26 所示。

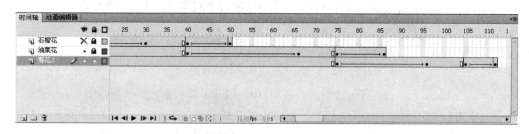

图 1-26　图层及各帧分布

⑫ 按下 Ctrl＋Enter 组合键，测试影片，预览动画效果。

⑬ 选择【文件】菜单中的【导出】命令，导出文件名为"花儿展示.swf"的影片文件；选择【文件】中的【另存为】命令保存 flash 文档，命名为"花儿展示.fla"。

思考与练习

一、单项选择题

1. Flash CS5 是由 Macromedia 公司推出的用于进行（　　　）图形编辑和动画创作的专业软件。

　　A. 位图　　　　　　B. JPG　　　　　　C. 标量　　　　　　D. 矢量

2. Flash CS5 导出的影片文件扩展名为（　　　）。

    A. FLA   B. BMP   C. SWF   D. JPG

3. 执行"测试影片"命令的快捷键是(   )。

    A. Ctrl＋Enter   B. Ctrl＋S   C. Alt＋S   D. Alt＋Enter

二、填空题

1. 在颜色面板中,鼠标变成了"吸管"形状,它不仅可以吸取_____中的某一颜色,甚至可以吸取_____中任意一处的颜色作为其设置的颜色。

2. 时间轴面板分成了两块,左边是_____,右边是_____。

3. "墨水瓶"工具是用来给_____和_____喷颜色。

4. 在 Flash CS5 中,图层的基本操作包括_____和_____。

5. 根据图像显示原理的不同,图形可以分为_____和_____。

6. 帧的类型有 3 种:_____、_____和关键帧。

7. 在 Flash 生成的文件类型中,源文件的扩展名是_____,Flash 影片文件的扩展名是_____。

8. _____工具用于选取对象的部分区域。

9. 测试影片的快捷键是_____。

10. 在默认状态下,Flash 作品每秒播放_____帧。

三、简答题

1. 播放 Flash 动画需要安装什么软件?

2. 简述 Flash CS5 的操作界面,它由哪些菜单组成?

3. Flash CS5 中帧的概念是什么? 它又分为几种类型?

第2章 动画对象的处理

 本章导读

本章主要介绍 Flash 动画对象的各种编辑操作。构成 Flash CS5 矢量图或位图的方法有3种：①从外部导入图像使用；②从元件库中调用已有的元件符号；③利用 Flash CS5 自带的绘图工具制作。为了能够绘制比较美观、实用的元件或图形，需熟练掌握绘图工具的使用，它是制作 Flash 动画的基础。而 Flash CS5 具有强大的绘图功能，利用工具箱提供的绘图工具以及图形之间的基本组合、运算方法可以绘制动画中所需要的各种图形和文字对象。

学习目标

- 掌握 Flash 动画制作过程中图形的绘制工具、颜色填充工具的使用。
- 掌握文本工具的使用，主要包括文本属性的设置、文本的编辑及文本特效的设置。
- 掌握对象的基本操作。
- 掌握对象的变形操作。
- 熟练掌握对象的组合、分离与排列。

2.1 图形的绘制

Flash CS5 的【工具箱】主要功能是绘制对象、选择对象、填充编辑对象和查看对象。其中绘图工具包括线条工具 ／、铅笔工具 ✎、钢笔工具 ♠、矩形工具 ▢、椭圆工具 ○ 和文本工具 A 等；填充工具包括墨水瓶工具 ⬗、颜料桶工具 ⬥、滴管工具 ✐、填充变形工具 ⬛ 和刷子工具 ✐ 等；编辑图形工具包括选择工具 ▶、任意变形工具 ▭、部分选取工具 ▷ 和橡皮擦工具 ⬰ 等。

2.1.1 图形绘制工具

1. 线条工具

线条工具 ／ 主要用于绘制矢量线段。

绘制线条的具体操作：单击【工具箱】中的线条工具 ＼，移动鼠标指针到舞台上，在希望直线开始的地方按住鼠标左键拖动，到结束点松开鼠标，这样一条线段就画好了。除此之外，如果按住 Shift 键的同时拖动鼠标，可以在舞台中绘制水平、垂直和倾斜45°角的线段。

选择了线条工具 ╱ 以后,在【属性】面板中会出现相应的属性设置选项。如图 2-1 所示可以定义笔触的颜色、粗细和样式。

图 2-1 线条工具的属性面板

单击"样式"右侧的下拉箭头,弹出笔触"样式"列表框,如图 2-2 所示,可以设置相关选项画出所需要的线条。

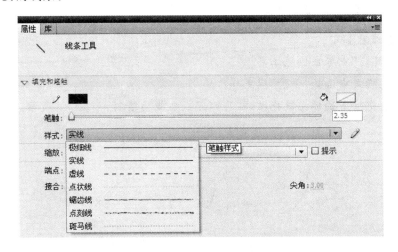

图 2-2 笔触样式设置

课堂练习 2-1——绘制 45°斜线

具体操作步骤如下。

① 单击【窗口】菜单,选择【工具】命令,打开"工具箱"面板,单击线条工具 ╲。

② 在舞台中单击鼠标确定斜线的顶点,按下 Shift 键的同时,拖动鼠标,即可完成 45°斜线的绘制,如图 2-3 所示。

图 2-3 绘制 45°斜线

2. 铅笔工具

铅笔工具 用于随意性的创作,可以随意地画出各种线条和形状。铅笔工具有 3 种绘图模式来控制线条的弧度。与线条工具一样,也可以设置铅笔工具所画线条的填充和笔触颜色、粗细、样式、缩放等属性。

铅笔工具具体操作:单击工具箱中的铅笔工具,鼠标光标变成铅笔形状,即可绘制直线。如有需要,可以选择工具箱的选项区中的铅笔模式,有 3 种铅笔模式供我们选择,选择不同的模式,即可绘制不同的线条,如图 2-4 所示。

图 2-4 选择铅笔的模式

各选项具体功能如下。

- 伸直:使用该模式,绘制的线条将趋于平直、规整。
- 平滑:适用于绘制平滑图形,将绘制图形的棱角去掉,转换成接近形状的平滑曲线,使绘制的图形更加平滑。
- 墨水:可以绘制任意线条,该模式不可以对笔触进行任何样式的修改。

 课堂练习 2-2——绘制曲线

具体操作步骤如下。

① 在"工具箱"中单击铅笔工具 。

② 在铅笔模式中选择"平滑"模式 。

③ 在舞台中按下鼠标左键拖动,就可以完成曲线的绘制,如图 2-5 所示。

图 2-5 利用铅笔工具绘制曲线

3. 钢笔工具

钢笔工具 可以绘制任意形状的图形,也可作为选取工具,将比较复杂的图像与背景分离。使用钢笔工具可以精确绘制直线和曲线,并可以调整直线段的角度和长度以及曲线段的斜率和曲率,使绘制的线条可以按预定方向进行弯曲。

 课堂练习 2-3——绘制带锚记点的曲线

具体操作步骤如下。

① 在"工具箱"中单击钢笔工具 。

② 在舞台上确定一个锚记点,在确定点的左右方向单击,可以绘制一条直线;单击并按住鼠标左键拖动可以绘制一条曲线,直线路径或曲线路径结合处的锚记点(小正方形)被称

为转角点,转角点以小方形显示。

　　③将鼠标右移,在第三点处按下鼠标并向上拖动,绘出一条曲线,如图2-6所示。

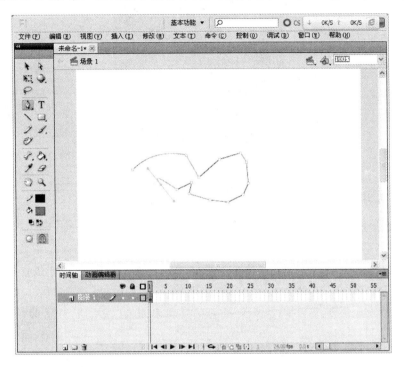

图2-6　绘制带锚记点的任意曲线

4．矩形工具、椭圆工具和多角星形工具

　　矩形工具 ▭ 主要用于绘制矩形,如果按住 Shift 键可绘制正方形。

　　矩形工具具体操作:单击矩形工具按钮 ▭,将鼠标移至舞台中,当鼠标变成"＋"形状时,按住鼠标左键向右下角拖拽,释放鼠标,即可得到一个矩形。使用选择工具选择刚绘制的矩形,在"属性"面板中设置笔触颜色、填充颜色、笔触高度,适当调整矩形框的位置,按Esc键取消选择矩形(注:双击矩形工具,弹出一个对话框如图2-7所示,以调整矩形的边角半径)。

　　另外,单击矩形工具右下角"小三角",按下鼠标不动,会出现下拉菜单,如图2-8所示。单击椭圆、多角星形,即可绘制椭圆、多边形或者五角星形。

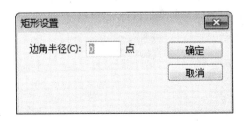

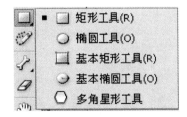

图2-7　矩形边角设置　　　　　　　　图2-8　矩形工具下拉菜单

　　在"属性"面板中设置图形的填充颜色、边框颜色、宽度和样式。图像的边框和填充颜色也可以在工具箱的颜色区进行设置。在属性面板中单击选项按钮会弹出"工具设置"对话框,如图 2-9 所示。可以设置多角星形工具的样式、边数和星形顶点大小。

图 2-9 "工具设置"对话框

课堂练习 2-4——绘制五角星

具体操作步骤如下。

① 在"工具箱"中单击多边形工具⬡。

② 在"属性"面板中单击"选项"按钮,弹出"工具设置"对话框,在对话框中的"样式"下拉列表框中选择"星形",见图 2-9。

③ 将鼠标移至舞台,在要绘制五角星的位置拖动鼠标,完成五角星的绘制,如图 2-10 所示。

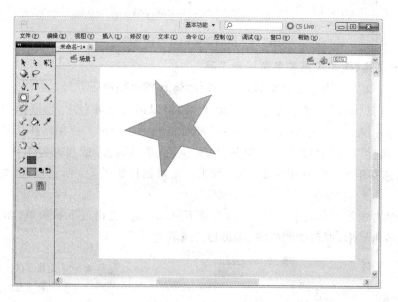

图 2-10 绘制五角星

2.1.2 颜色填充工具

在 Flash CS5 中,我们不仅可以绘制线条、椭圆和矩形等基本图形,还可以设置笔触的样式,使用颜色填充工具对已绘制的图形进行颜色填充和调整。下面,我们来了解一下填充图形的工具及其使用。

在 Flash CS5 中主要的颜色填充工具有墨水瓶工具 、颜料桶工具 和滴管工具 。在我们使用颜色填充工具前首先应该对颜色进行了解。红色、绿色和蓝色被称为基本颜色。每个像素的颜色都能可以看做是红色、绿色和蓝色的混合色,这种定义颜色的模式被称为 RGB 颜色模式。

1. 墨水瓶工具

墨水瓶工具 主要用于为舞台中图形的边框或文字着色,但不能对矢量图的色块进行填充。我们在绘图时不仅可以更改线条和轮廓线的颜色和样式,还可以改变线条的粗细、颜色、线型等;甚至可以打散文字和图形,并加上轮廓线。

课堂练习 2-5——为树叶着色

具体操作步骤如下。

① 新建一个空白文档,在"工具箱"中选择铅笔工具 ,在舞台中绘制一片树叶,如图 2-11 所示。

② 单击【工具】中的墨水瓶工具 ,在"属性"面板中单击 按钮,在弹出的颜色列表中,选择绿色。

③ 设置"笔触"的大小,数值越大线条越粗;单击"样式"右侧下拉箭头,选择边框的类别,如图 2-12 所示。

④ 将鼠标移到要添加颜色的边框处单击,即可为图形加上所需的颜色,如图 2-13 所示。

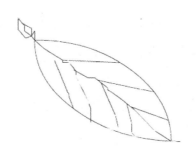

图 2-11 绘制树叶

图 2-12 墨水瓶属性设置

图 2-13 着色后的树叶

2. 滴管工具

使用滴管工具 ✐ 可以获取现有图形的线条、填充色或风格等信息,并可以将该信息应用到其他图形上。除此之外,滴管工具还可以对位图进行属性采样。

在使用滴管工具提取颜色时必须保证所操作的对象是可选的。如果我们所操作的对象是一个元件或者是一幅位图,必须按下 Ctrl+B 组合键将它们打散,才能提取它们的颜色,填充到其他图形或被打散的文字上。

🔑 课堂练习 2-6——利用滴管工具为图形填色

具体操作步骤如下。

① 在【文件】菜单中,单击【导入】子菜单中的【导入至舞台】命令,将图像文件导入到舞台,按下 Ctrl+B 组合键将图像分离,如图 2-14 所示。

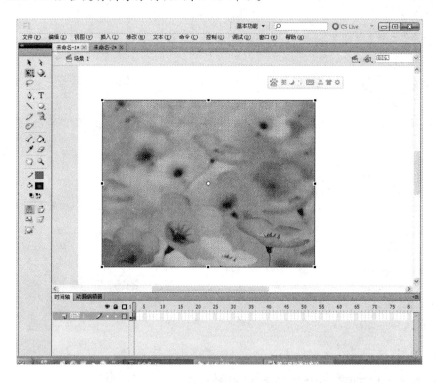

图 2-14　分离图像

② 选择"工具箱"中的滴管工具 ✐,将鼠标移到要吸取颜色的位置,滴管右侧带有一个小刷子,单击填充,这时滴管右侧出现一个喷桶。

③ 在"工具箱"中选择椭圆工具 ⬭,在舞台右侧按下 Shift 键的同时,拖动鼠标绘制圆形,这时,圆形的填充色即为刚才提取的颜色,如图 2-15 所示。

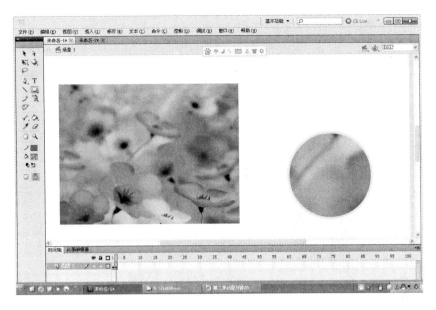

图 2-15　填充图形

3．颜料桶工具

在实际应用中，我们有时需要为某个矢量色块更改颜色，或者在使用绘图工具绘制好线条后，需要为线条内部的空白区域填充颜色，这时就需要使用颜料桶工具 🪣。颜料桶既可以填充空白区域，也可以改变已填充区域的颜色，并且还可以用纯色、渐变及位图进行填充。除此之外，颜料桶还可以给未完全封闭的区域填充颜色。

选择【工具】中的颜料桶工具 🪣，在选项区域中，单击空隙大小按钮 ◯，出现如图 2-16 所示选项。

颜料桶各选项的功能如下。

- 不封闭空隙：不允许有空隙，只限于封闭区域。
- 封闭小空隙：允许有小空隙。
- 封闭中等空隙：允许有中等空隙。
- 封闭大空隙：允许有大空隙。

图 2-16　颜料桶选项

接下来，通过一个小例子介绍颜料桶工具的具体操作。

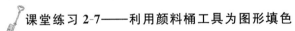

🔧 课堂练习 2-7——利用颜料桶工具为图形填色

具体操作步骤如下。

① 在舞台中用绘图工具画出几个椭圆，让左边的椭圆封闭，中间椭圆留一个小空隙，右边椭圆留一个大空隙，如图 2-17 所示。

② 单击"工具箱"中的颜料桶工具 🪣。

③ 在"属性"面板中选择某种颜色，如蓝色。

④ 在选项区域中，单击"空隙大小"按钮，依次选择不同的空隙、不同的颜色，结果如图 2-18 所示。

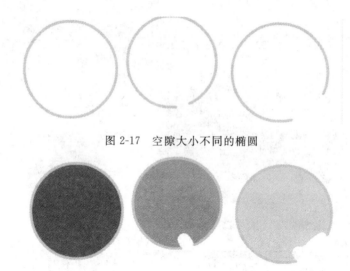

图 2-17　空隙大小不同的椭圆

图 2-18　空隙大小不同的椭圆填色

4. 刷子工具

刷子工具 可以绘制类似于刷子的笔触,还可以实现书法效果。选择【工具】中的刷子工具后,【工具】下方会出现 4 个附属选项,如图 2-19 所示。分别是填充锁定、刷子模式、刷子形状和刷子大小。其中,填充锁定可以控制刷子在具有渐变色的区域涂色。刷子模式下拉列表中有 5 个选项。包括"标准绘画"、"颜料填充"、"后面绘画"、"颜料选择"和"内部绘画"。使用"刷子"工具功能键可以选择刷子大小和形状。该工具提供了 5 种模式,如图 2-20 所示。

图 2-19　附属选项　　　　　图 2-20　刷子模式

下面通过一个小练习讲解刷子工具的 5 种模式。

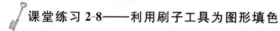课堂练习 2-8——利用刷子工具为图形填色

具体操作步骤如下。

① 先在舞台上画出一片绿叶,如图 2-21 所示。

② 选择刷子工具 ,将填充颜色设置为红色,当然也可以是其他颜色。选择"标准绘画"模式,该模式是默认的绘画模式,选择后绘制的颜色会覆盖在原有的图像上。这时,如果我们移动笔刷(当选择了刷子工具后,鼠标指针就变为刷子形状)到舞台的树叶图形上,拖动

鼠标在叶子上乱抹几下,观察一下效果。我们会发现,不管是线条还是填色区域,只要是画笔经过的地方,都变成了画笔的颜色,如图2-22所示。

③ 如果选择"颜料填充"模式,它只对填充区域或空白区域涂色,而不会遮盖住线条,如图2-23所示。

图 2-21 绘制绿叶

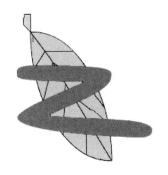

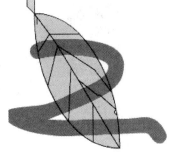

图 2-22 标准绘画模式 图 2-23 颜料填充模式

④ 选择"后面绘画"模式,无论怎么画,它都在图形的后方,不会影响当前图形的线条和填充,如图2-24所示。

⑤ 选择"内部绘画"模式,在绘画时,画笔的起点必须是在轮廓线以内,而且画笔的范围也只作用在轮廓线以内,如图2-25所示。

图 2-24 后面绘画模式 图 2-25 内部绘画模式

5. 填充变形工具

填充变形工具 主要用于对对象进行各种方式的填充进行变形处理,可以将选择对象的填充颜色处理为需要的各种色彩。

填充变形工具的具体操作如下。

(1)线性渐变填充

① 选择【工具】中的椭圆工具 ,在舞台中绘制一个椭圆,选择菜单的【窗口】中【颜色】命令项,打开"颜色"面板,在类型下拉列表中选择"线性渐变",如图2-26所示。

图 2-26　颜色面板

② 按住鼠标左键拖动,在舞台中绘制一个椭圆,如图 2-27 所示。

③ 选择"工具箱"中的渐变变形工具 ,在图形上单击,此时图形两侧出现两条平行线,这两条平行线称为渐变控制线,如图 2-28 所示。

图 2-27　绘制椭圆　　　　　　　　　　　图 2-28　线性渐变控制线

④ 单击并拖动位于渐变控制线中点的控制点,可以调整填充的渐变距离。

⑤ 单击并拖动位于渐变控制线的端点的控制点,可以调整渐变控制线的倾斜方向。

(2)径向渐变填充

① 在舞台中绘制一个图形,选择【窗口】菜单中的【颜色】命令,打开"颜色"面板,在下拉列表中选择"放射状"。

② 选择"工具箱"中的渐变变形工具 ,在图形上单击,此时填充图形上出现一个渐变控制圆圈,如图 2-29 所示。

③ 单击并拖动位于渐变控制圆中心的控制点,此时会改变渐变图形的填充效果。

④ 单击并拖动位于渐变控制圆外侧的控制点,还可以调整渐变控制圆的倾斜方向。

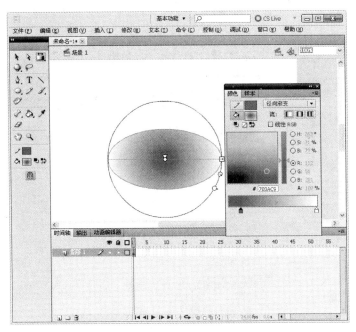

图 2-29 径向渐变控制圆

2.2 文本工具的使用

2.2.1 创建文本

在 Flash CS5 中,可以创建 3 种类型的文本:静态文本、动态文本和输入文本。静态文本是指在动画播放阶段不能改变的文本,它是最常用的文本类型;动态文本用于显示根据指定的条件而变化的文本;输入文本在动画设计中可作为一个输入文本框,允许用户为表单、调查表等创建可输入性文本。

Flash CS5 中的文本有两种输入框,分别是无宽度限制的文本输入框和有宽度限制的文本输入框,其中无宽度限制文本框为默认输入形式。无宽度限制的文本框可随着文本的输入自动扩展,甚至可以超出舞台边界,如果需要换行输入,只需按下回车键。有宽度限制的文本输入框将会限定宽度,当输入的文本超出限定值时,文本将会自动换行。

图 2-30 选择文本工具

在 2.1 节中,我们已经了解了"工具箱"中的各种工具的用法。其中,文本工具 **T** 主要用来创建和编辑文本,选择文本工具之后,可以在"属性"面板中,选择文本类型,如图 2-30 所示。

🔑 **课堂练习 2-9——创建静态文本**

具体操作步骤如下。

① 启动 Flash CS5,创建一个新文档。

② 在"工具箱"中选择文本工具 **T** ，在"属性"面板中设置相关属性。

③ 在舞台中单击鼠标，在弹出的文本框中即可输入文本，文本框会随着内容的增加而自动调整宽度，当按下回车键后，文本将会换行输入，如图 2-31 所示。

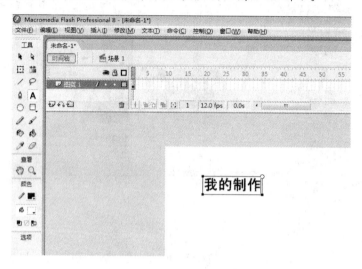

图 2-31　输入文本

2.2.2　设置文本属性

在 Flash CS5 中，常见的文本属性有包括字体、大小、颜色、字体上下标、字体方向、字符间距、段落对齐方式等，文本的属性面板如图 2-32 所示。

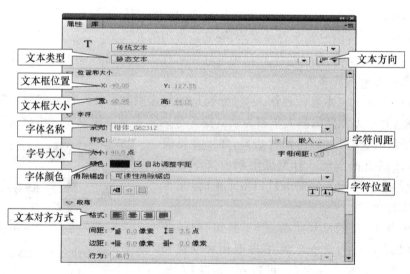

图 2-32　文本属性面板

通过文本的属性面板我们可以设置文本的相关属性。不仅可以在输入文本之前进行文本设置，也可以在输入文本之后再进行设置。

1. 文本类型

选择文本后,单击文本类型按钮设置文本类型,包括静态文本、动态文本和输入文本。

2. 字体、字号、颜色

选择文本后,单击"系列"右侧的下拉列表框,设置文本的字体,也可以选择【文本】菜单中【字体】命令,在弹出的子菜单中选择合适的字体;如果要设置字号大小,可以单击"大小"右侧的按钮 35.0 点,拖动控制杆调整,或是直接输入数值;如果要设置文本的颜色,可以单击颜色右侧的 ,弹出调色板对话框(如图 2-33 所示),选择文本的颜色,也可以单击调色板上方的 图标,弹出"颜色"对话框(如图 2-34 所示),自定义文本的颜色。

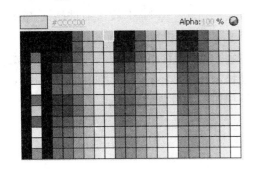

图 2-33 调色板

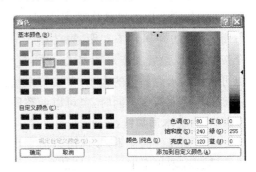

图 2-34 颜色对话框

3. 字符位置

选择文本后,单击字符位置,选择上标 T^1 可以设置为上标文本,选择下标 T_1 可以设置为下标文本,如图 2-35 所示。

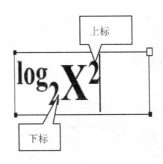

图 2-35 字符位置示意图

4. 改变文本方向

选择要设置的文本后,单击改变文本方向按钮 ,会出现下拉菜单。可以设置相应的文本方向,如图 2-36 所示。

垂直文本,从左向右

垂直文本,从右向左

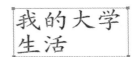
水平文本

图 2-36 设置文本方向

5. 调整字符间距

选择要设置的文本后，单击字符间距右边的按钮 0.0，拖动控制杆调整，或是直接输入调整值的大小。调整前如图 2-37 所示，调整后如图 2-38 所示。

我的大学生活　　　　　　　　我 的 大 学 生 活

图 2-37　调整字符间距之前 　　　　　　　　图 2-38　调整字符间距之后

6. 设置段落格式

Flash CS5 中的段落格式主要包括：段落对齐格式 ≡≡≡≡、段落缩进格式 →≡、行距 ≡、左边距 →≡、右边距 ≡← 等格式的调整。选择文本后，单击段落下面的格式右侧的 4 个按钮，可以设置文本对齐方式；单击左缩进按钮右侧拖动控制杆可设置段落的缩进格式，也可直接输入调整值的大小；单击行距按钮右侧拖动控制杆可调整行与行之间的距离，也可直接输入具体数值。同时，也可以调整段落左右边距按钮设置段落的边距。

7. 为文本添加链接

对于创建好的文本，我们可以为它添加链接，单击文本就可以跳转到其他网站或网页。下面通过练习来了解文本链接的创建过程。

课堂练习 2-10——添加文本链接

具体操作步骤如下。

① 选择【工具】中的文本工具 T，在舞台中输入"新浪网"，如图 2-39 所示。

图 2-39　输入文本

② 选中"新浪网"，在【属性】面板中的"选项"下面，"链接"后的文本框中输入"www.sina.com.cn"，设置链接地址，如图 2-40 所示。除此之外，还可以与电子邮箱地址创建链接，但是要使用"mailto:dcxy123@126.com"，如图 2-41 所示。

▽ 选项
链接: www.sina.com.cn

▽ 选项
链接: mailto:dcxy123@126.com

图 2-40　网站链接 　　　　　　　　　　图 2-41　邮箱链接

2.2.3　编辑文本

1．选择文本

如果要编辑文本,必须先选择文本。常见的文本选择方法有以下 4 种。

① 在需要选择的文本上按住鼠标左键拖动选择文本。

② 双击要选择的文本,可以选择在同一个编辑框内的所有文本。

③ 按 Ctrl＋A 组合键也可以选择所有的文本。

④ 单击"工具箱"中的选择按钮 ，然后按住 Shift 键依次单击多个文本块,可选择多个文本块。

2．分离文本

文本对象类似于图形对象,可以进行分离和组合操作。文本被分离后,将成为单个的字符或填充图形,从而可以为每个字符设置动画或特殊的文本效果。

课堂练习 2-11——将文本分离为图形

具体操作步骤如下。

① 在"工具箱"中选择文本工具 T ,然后在舞台上输入"我的大学生活"几个字,如图 2-42 所示。

我的大学生活

图 2-42　输入文本

② 单击【修改】菜单中【分离】命令或按下 Ctrl＋B 组合键都可以实现文本的分离,这时文本框将被拆分成多个小框,每个字占一个小框,可以独立进行编辑,如图 2-43 所示。

图 2-43　分离文本

③ 选中文本,再次执行【分离】命令,这时所有的文本会转化为填充图形,显示为暗网格外观,如图 2-44 所示。

我的大学生活

图 2-44 将文本分离为图形

2.2.4 文本特效

1. 制作填图文字

将文本分离为填充图形后，可以非常方便地改变文字的形状，而且还可以像修改其他填充图形一样，使用选择工具和部分选取工具等对其进行编辑操作。下面以制作填图文字为例讲解文本的特效。

🔧 课堂练习 2-12——制作填图文字

具体操作步骤如下。

① 选择【文件】菜单【导入】命令，将图像导入到舞台并选中图像，按下 Ctrl＋B 组合键将图像分离，如图 2-45 所示。

图 2-45 导入并分离图像

② 选择"工具箱"中的滴管工具 🖊，在分离的图像上单击，会自动将它保存到颜色表中，这时可以按 Delete 键将图像删除。

③ 选择"工具箱"中的文本工具 **T**，在【属性】面板中设置相关属性，如图 2-46 所示。

④ 在舞台中输入文本"美丽生活"，选中文本，按两次 Ctrl＋B 组合键，将文本分离成图形，如图 2-47 所示。

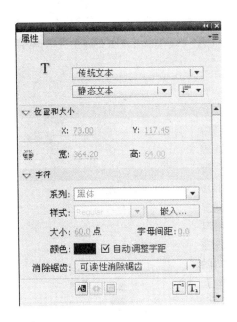

图 2-46　设置文本属性

美丽生活

图 2-47　分离文本

⑤ 选择"工具箱"中的填充颜色按钮，打开颜色填充窗口，如图 2-48 所示。

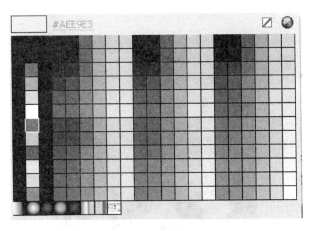

图 2-48　颜色

⑥ 单击步骤②中保存好的图像颜色，选择颜料桶工具，单击选中的文字图形，实现文字填图效果，如图 2-49 所示。

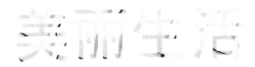

图 2-49　填图文字

2. 为文本添加滤镜效果

在 Flash CS5 中，除了可以编辑文字，还可以制作出原来只有在 Photoshop 等软件中才可以实现的文本滤镜效果，例如，投影、模糊、发光、斜角、渐变发光、渐变斜角和调整颜色等。

当在舞台中输入并选择文本后,打开"属性"面板,选择"滤镜"选项,单击属性窗口左下角的添加滤镜按钮 ,就可以实现滤镜效果的设置。下面以投影、模糊、发光、斜角 4 个常用文字效果为例,具体介绍操作步骤。

（1）"投影"效果

在舞台中输入文本"春光明媚",选定文本,在"属性"面板中单击添加滤镜按钮 ,在弹出的下拉菜单中,选择"投影"效果,弹出如图 2-50 所示对话框。

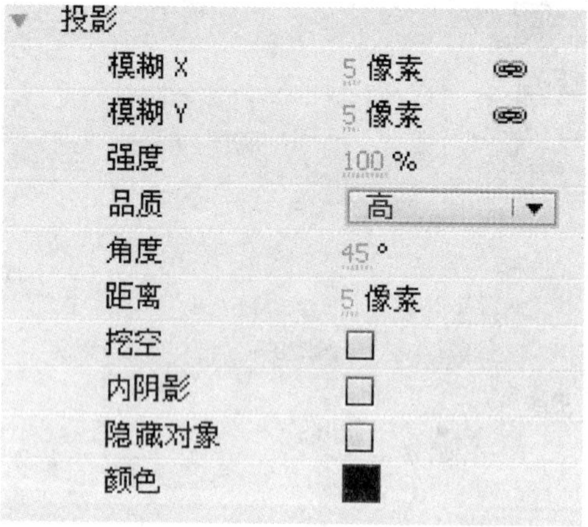

各参数具体功能如下。

- 模糊：在 X 和 Y 轴两个方向设置投影的模糊程度,取值为 0～100。
- 强度：设置投影的强烈程度,取值为 0～100%。
- 品质：设置投影的品质,有"低"、"中"、"高"3 个选项,品质越高投影效果越好。
- 角度：设置投影角度,取值为 0°～360°。
- 距离：设置投影的距离,取值为 −32～32。
- 挖空：对原来对象进行挖空显示。
- 内侧阴影：将阴影生成方向指向对象内侧。
- 隐藏对象：只显示投影,但不显示原对象。
- 颜色：设置投影颜色。

设置相关参数后,将实现文本"投影"滤镜效果,如图 2-51 所示。

图 2-50　投影参数设置

图 2-51　投影效果

（2）"模糊"效果

选择文本"春光明媚",在【属性】面板中单击添加滤镜按钮 ,在弹出菜单中选择"模糊"命令,弹出如图 2-52 所示对话框。

图 2-52　模糊参数设置

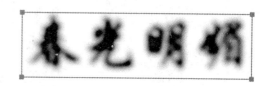

图 2-53　模糊效果

模糊效果参数较少,进行相关设置后,实现文本"模糊"滤镜效果,如图 2-53 所示。

(3)"发光"效果

选择文本"春光明媚",在【属性】面板中单击添加滤镜按钮 ,在弹出菜单中选择"发光"命令,弹出如图 2-54 所示对话框。

图 2-54 发光参数设置

图 2-55 发光效果

各参数功能和投影效果类似,不再赘述。设置相关参数后,实现文本"发光"滤镜效果,如图 2-55 所示。

(4)为文本添加"斜角"效果

选择文本"春光明媚",在【属性】面板中单击添加滤镜按钮,在弹出菜单中选择"斜角"命令,弹出如图 2-56 所示对话框。

斜角滤镜效果参数较多,主要参数功能如下。

图 2-56 斜角参数设置

- 阴影:设置斜角的阴影颜色,可在弹出的调色板中选取合适的颜色。
- 加量显示:设置斜角的加亮颜色。
- 角度:设置斜角的角度,取值为 0°~360°。
- 距离:设置斜角距离对象的大小,取值为−32~32。
- 挖空:以斜角效果为背景,然后挖空显示对象。
- 类型:设置斜角的应用位置,包括 3 个选项,分别是内侧、外侧和整个。

进行相关参数设置后,实现文本"斜角"效果,如图 2-57 所示。

图 2-57 斜角效果

2.3 对象的编辑与操作

2.3.1 选择对象

在进行动画制作时,往往需要对绘制的图形进行编辑,而 Flash CS5 则提供了强大的图形编辑功能,可以对图形进行编辑,以达到理想的效果。

常用的图形编辑工具有选择工具、套索工具、部分选取工具、任意变形工具和橡皮擦工具等。

1. 选择工具

当我们需要对场景中的图形进行选取、编辑时,首先要使用选择工具 选取对象。被选取的对象有 3 种情况:一是打散图形;二是导入位图、绘制的原件或组合图形;三是多个独立图形。

🔑 **课堂练习 2-13——选取对象**

具体操作步骤如下。

① 如果所选对象是打散的图形,则按下鼠标左键拖动鼠标选取对象,被选中的部分以虚点的形式显示。例如,在舞台中画出一圆,实现此操作,如图 2-58 所示。

② 如果所选对象是导入位图、绘制好的图形原件或组合图形,只需在对象上单击,所选对象四周将出现蓝色实线框,如图 2-59 所示。

图 2-58 选取打散图形

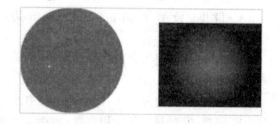

图 2-59 选取组合图形

③ 如果所选对象是舞台上绘制的多个图形原件,则当拖动鼠标选中多个图形时,每个图形周围都会出现一个矩形框,如图 2-60 所示。

2. 部分选取工具

在编辑对象时,除了可以用选择工具选取对象,还可以使用部分选取工具 来选择对象,编辑对象时会更加方便。用部分选取工具选择对象后,在对象周围会出现多个控制点,我们可以通过拖动控制点实现对象的修改和变形操作,如图 2-61 所示。

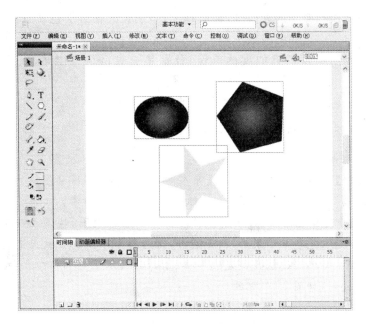

图 2-60　选取多个图形

图 2-61　部分选取图形

3. 套索工具

当需要选取不规则的对象时,需要用到套索工具✑。当选择套索工具时,【工具箱】下方的选项区域将出现 3 个附属工具选项,分别是:魔术棒、魔术棒设置、多边形套索,如图 2-62 所示。

套索工具各功能选项如下。

- 魔术棒:用于沿对象轮廓进行大范围选取。
- 多边形套索:对不规则图形进行比较精确的选取。
- 魔术棒设置:单击打开"魔术棒设置"对话框,可以设置魔术棒选取的色彩范围,如图 2-63 所示。

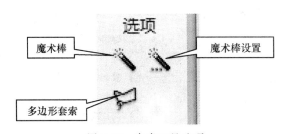

图 2-62　套索工具选项

图 2-63　"魔术棒设置"对话框

- 阈值：表示所选颜色的近似度，数值越大，差别大的临近颜色就越容易被选中，取值范围为 0～200 之间的整数。
- 平滑：表示所选颜色近似度的单位，分别是一般、像素、粗略、一般、平滑，默认为一般。

下面，通过一个具体实例，讲解套索工具的具体用法。

课堂练习 2-14——利用套索工具复制图像

具体操作步骤如下。

① 选择【文件】菜单【导入】子菜单中【导入到舞台】命令，将苹果图像导入舞台，选择【修改】菜单中的"分离"命令项或按下 Ctrl＋B 组合键，打散苹果图像。

② 在【工具】中选择套索工具，将鼠标移至苹果图像周围，按下左键沿着苹果图像边缘拖动鼠标，直到选取完整个苹果后，松开鼠标，这时整个苹果就会被选中。如果想复制选中的苹果，可以按下 Ctrl＋C 组合键复制苹果图像，再按下 Ctrl＋V 组合键粘贴苹果图像，完成苹果图像的复制，如图 2-64 所示。

图 2-64　利用套索工具选择并复制图像

2.3.2　擦除对象

橡皮擦工具用于擦除舞台中的图形。在 Flash CS5 中，不仅可以一次性擦除舞台中的所有图形，也可以擦除图形的笔触或填充颜色。当选择橡皮擦工具时，【工具箱】下方的选项区域将出现 3 个附属工具选项，分别是：橡皮擦模式、水龙头、橡皮擦形状，如图 2-65 所示。

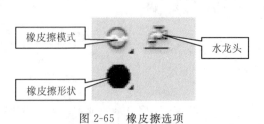

图 2-65　橡皮擦选项

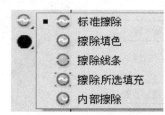

图 2-66　橡皮擦模式

下面介绍橡皮擦的使用方法。

① 单击橡皮擦模式按钮,将弹出包括 5 种橡皮擦模式的下拉菜单,如图 2-66 所示。各橡皮擦模式的具体功能如下。

- 标准擦除:可以擦除舞台中位于同一图层上的任意图形的边线和填充内容;
- 擦除填色:仅擦除填色内容,边线不受影响;
- 擦除线条:仅擦除线段,填充内容不受影响;
- 擦除所选填充:仅擦除选中图形的填充内容;
- 内部擦除:仅擦除单击点所在图形的填充内容,如果起始点为空白,将不会擦除任何图形。

② 选择橡皮擦尺寸与形状,然后在舞台中拖动鼠标进行擦除。

③ 如果在"橡皮擦"的"选项"选择区中单击选中"水龙头"按钮,可通过单击来擦除不需要的边线或填充内容。

④ 尽管无法使用"橡皮擦"工具擦除舞台中的位图图像或文字(除非将它们分离打散),但是,可通过双击工具箱中的"橡皮擦"工具来清除舞台中的所有对象。

2.3.3　对象的基本操作

1. 移动对象

下面介绍移动对象的 4 种方法。

方法一:选择对象后利用鼠标拖动对象。如果在拖动鼠标时,按下 Shift 键,则只能进行水平、垂直或 45°方向移动。

方法二:选择对象后,利用键盘上的(上、下、左、右)4 个方向键移动对象。

方法三:选择对象后,利用【属性】面板移动对象。打开【属性】面板,在"位置和大小"选项下面,在 X、Y 编辑框内输入要移动的位置,然后按 Enter 键完成,如图 2-67 所示。

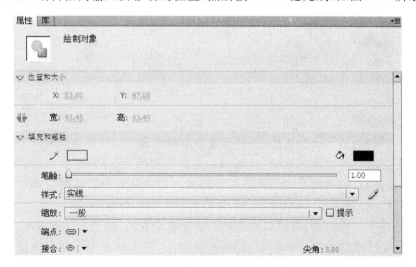

图 2-67　【属性】面板

方法四:选择对象后,利用【信息】面板移动对象。打开【信息】面板,在 X、Y 编辑框内输入要移动的位置,然后按 Enter 键完成,如图 2-68 所示。

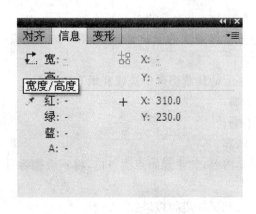

图 2-68　信息面板

2. 复制和粘贴对象

复制和粘贴对象的具体操作步骤如下。

① 打开并选中对象。

② 选择【编辑】菜单中的【拷贝】命令或按下 Ctrl＋C 组合键,将图像复制到 Windows 剪贴板上。

③ 选择【编辑】菜单中的【粘贴】命令或按下 Ctrl＋V 组合键,将图像粘贴到舞台中。复制对象时,还可以在【编辑】菜单中选择【粘贴到当前位置】或者【粘贴到中心位置】,也可以选择【选择性粘贴】,实现对象的粘贴操作。

3. 删除对象

删除对象的方法有 3 种,先选中对象,执行如下操作。

方法一:选择【编辑】菜单下的【清除】命令或【剪切】命令,实现对象的删除操作。

方法二:按下键盘上的 Delete 键或 Backspace 键,删除对象。

方法三:单击鼠标右键,在弹出的快捷菜单中选择【删除】命令删除对象。

2.3.4　对象的变形操作

1. 任意变形对象

利用 Flash CS5 进行图形绘制时,很难做到一步到位,通常需要经过反复的修改和细微的调整,才能达到理想的效果,这时就需要使用各种编辑工具来对图形进行细致的处理刻画了。任意变形工具 用于对图形进行旋转、缩放、扭曲及封套造型的编辑。选取该工具后,需要在工具面板的属性选项区域中选择需要的变形方式,如图 2-69所示。

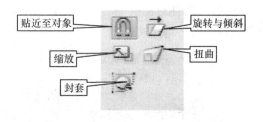

图 2-69　任意变形工具选项

各附属选项的具体功能如下。

- 贴近至对象:按下该按钮后,进行任意变形调整后的对象将自动对齐。
- 旋转与倾斜:按下该按钮后,将鼠标移至所选图形上,等鼠标变形后,按下鼠标左键并拖动鼠标,即可对选取的图形进行旋转。移动鼠标至所选图形的中心,对图形中心点进行位置移动,可以改变图形在旋转时的轴心位置。
- 缩放:按下该按钮后,可以对选取的图形作水平方向、垂直方向或等比的大小缩放。
- 扭曲:按下该按钮后,移动光标到所选图形上,当光标改变形状时拖动鼠标,可以对绘制的图形进行扭曲变形。
- 封套:按下该按钮后,可以在所选图形的边框上设置封套节点,用鼠标拖动这些封套节点及其控制点,可以很方便地对图形进行造型。

通过以下实例,掌握对象的任意变形操作。

课堂练习 2-15——图像的任意变形

具体操作步骤如下。

① 选择【文件】菜单【导入】子菜单中【导入到舞台】命令项,将图像导入至舞台,如图 2-70 所示。

图 2-70 导入图像

② 在【工具】中选择任意变形工具,单击图像后在图像周围会出现控制点,将鼠标置于编辑对象的角上,此时鼠标变成转角箭头,然后按下鼠标左键拖动,既可以按顺时针方向旋转对象,也可以按逆时针方向旋转对象,如图 2-71 所示。

图 2-71 旋转对象

③ 将鼠标指针放在图像两侧的句柄上,然后单击并拖动鼠标,根据手柄所在的边,不仅可以在水平方向上还可以在垂直方向上扭曲对象,如图 2-72 所示。

图 2-72　扭曲对象

2.【变形】面板的使用

前面介绍的任意变形工具,可以方便地对对象进行旋转和扭曲等变形操作。但是如果要实现对象的精确变形就离不开【变形】面板了,它可以实现旋转、倾斜、缩放等操作。选择"窗口"菜单下的"变形"命令,将弹出如图 2-73 所示【变形】面板。

变形面板的具体功能如下。

- 比例缩放调节:用于缩放对象,可以移动鼠标当变成双向箭头时直接拖动实现,也可以通过输入数值实现对象按比例缩放。 用于调整对象的宽度, 用于调整对象的高度, 用于设定是否锁定对象宽高比例。

- 旋转:输入角度或者拖动鼠标可实现对象的旋转,取值为 -360°～360°。

图 2-73　【变形】面板

- 倾斜:输入角度或者拖动鼠标可实现对象的倾斜, 用于设置水平倾斜,取值为 -360°～360°; 用于设置垂直倾斜,取值为 -360°～360°。

- 3D 旋转:对于三维立体图形,可以从 X、Y、Z 三个方向输入角度设置对象的旋转。

- 3D 中心点:可以给三维图形设置 X、Y、Z 三个方向上的中心点坐标。

在【变形】面板右下角有两个按钮: 表示"复制选取和变形",可以将变形前的对象复制一次,再按照变形面板上的参数进行变形;▣表示"取消变形",将选中的对象恢复到图形原状。

🗝 课堂练习 2-16——【变形】面板的应用

具体操作步骤如下。

① 选择【文件】菜单下的【导入】命令项,导入图像,如图 2-74 所示。

② 选中图像,选择【窗口】菜单下的【变形】命令,打开【变形】面板,如图 2-73 所示。单击约束按钮🔗,设定按比例缩放对象,在 ↔ 右边输入 120%设置宽度,高度自动变为120%,按回车键确认,如图 2-75 所示。

图 2-74　导入图像

图 2-75　放大图像

③ 选中"旋转"单选按钮,在 △ 右边输入－30°按回车键确认,完成图像旋转如图 2-76 所示;如果设置好旋转参数后,单击变形面板右下角的按钮⊞,会实现先复制图像再显示变形后的图像,如图 2-77 所示。

图 2-76　旋转图像

图 2-77　旋转并复制图像

④ 选中"倾斜"单选按钮,在 右边输入 30°按回车键确认,如图 2-78 所示。

图 2-78　倾斜图像

3. 利用【修改】菜单变形对象

除了通过任意变形工具、【变形】
面板,还可以通过【修改】菜单实现对
象的变形操作。选择【修改】菜单中
【变形】子菜单中的【缩放和旋转】命
令,弹出如图 2-79 所示对话框。可在
对话框中分别输入缩放比例与旋转角
度,可实现精确旋转和缩放所选图像。

图 2-79　缩放和旋转对话框

选中对象,选择【修改】菜单中【变形】子菜单中的【水平翻转】,可以实现图像的水平翻转
效果,如图 2-80 所示。

水平翻转前　　　　　　　　　　　　水平翻转后

图 2-80　水平翻转图像

2.3.5　对象的组合、分离与排列

1. 组合对象

当在舞台中有多个对象时,为了方便操作,有时需要将多个对象进行组合。对象组合后

可以实现同时移动、复制、缩放和旋转等操作,使对象的编辑工作更加方便。

具体方法如下。

① 按下 Shift 键,选中要组合的多个对象,如图 2-81 所示。

② 选择【修改】菜单下的【组合】命令或按下 Ctrl+G 组合键,场景中所有被组合的对象将成为一个整体,其中的单个对象就不能被单独移动了,如图 2-82 所示。

图 2-81 选中对象

图 2-82 组合对象

如果我们想回到组合以前的状态,除了可以选择【编辑】菜单中的【撤销】命令以外,还可以使用解组的方法。具体操作为:首先选中组合的对象,然后选择【修改】菜单下的【取消组合】命令或按下 Ctrl+Shift+G 组合键,这样解组以后的对象又可以单独移动了。

2. 分离对象

编辑对象时,执行制作文字特效、文字动画、改变图像颜色等操作时,必须先分离对象,使之成为可编辑元素。

下面,以分离图像为例讲解对象的分离操作。

① 在 Flash CS5 中创建新文档,选择【文件】中的【导入】命令,选择【导入至舞台】,调整图片大小,如图 2-83 所示。

图 2-83 导入图像

② 选择【修改】菜单中的【分离】命令或按下 Ctrl + B 组合键,将图片分离,如图 2-84 所示。

图 2-84 分离图像

3. 排列对象

当编辑多个对象时，有时需要设置对象的水平对齐、垂直对齐、叠放次序 、调整间距等操作。【对齐】面板就可以非常方便地实现对象的对齐、间距的调整等功能，如图 2-85 所示。

【对齐】面板的具体功能如下。

- 对齐：可以实现被选中的多个对象水平方向左、中、右对齐，也可以实现垂直方向左、中、右对齐。
- 分布：可以实现按对象的顶部、中点、底部分别在垂直方向上和水平方向上等距离排列多个被选中的对象。
- 匹配大小：可以实现多个被选中对象的水平缩放、垂直缩放、等比例缩放。
- 间隔：可是实现多个被选中对象在垂直方向或水平方向设置相等的间隔距离。

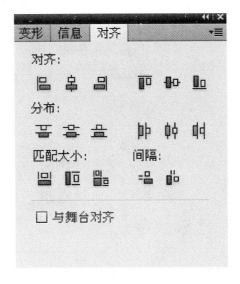

图 2-85 【对齐】面板

同样，通过【修改】菜单的【对齐】命令也可以实现如上所述对象的精确排列，如图 2-86 所示。

图 2-86 "对齐"子菜单

除此之外，还可以通过【修改】菜单中的【排列】命令，调整对象的叠放次序，如图 2-87 所示。

图 2-87 【排列】子菜单

✍ **课堂练习 2-17——对象的排列**

具体操作步骤如下。

① 选择【文件】菜单中的【导入】命令，导入图片到舞台，如图 2-88 所示。

图 2-88　导入图片

② 选择所有图片，选择【修改】菜单【排列】子菜单中的【顶对齐】命令，设置图片的顶端对齐效果，如图 2-89 所示。

图 2-89　顶边对齐图片

③ 选择所有图片，单击【修改】菜单【排列】子菜单中的【设为相同高度】命令，使所有图片高度相同，如图 2-90 所示。

④ 层叠排列所有图片，如图 2-91 所示。

⑤ 选中"小狗"图片，单击【修改】菜单【排列】子菜单中【下移一层】命令，将图片下移一层，如图 2-92 所示。

图 2-90 设为相同高度

图 2-91 层叠排列

图 2-92 下移一层

2.3.6 辅助工具的使用

Flash CS5 中提供了 3 种辅助工具,分别是标尺、辅助线和网格。使用辅助工具可以准确地绘制图形,精确调整对象大小,对齐和排列各个对象。下面介绍各辅助工具具体功能。

1. 标尺

在 Flash CS5 中,一般标尺出现在舞台的左侧和上方。选择【视图】菜单中的【标尺】命令,显示出水平标尺和垂直标尺,如图 2-93 所示。

图 2-93 显示标尺

在设计过程中,还可以根据设计需要自定义标尺的单位,选择【修改】菜单中的【文档】命令,弹出"文档"属性对话框,在"标尺单位"下拉框中设置标尺单位,如图 2-94 所示。

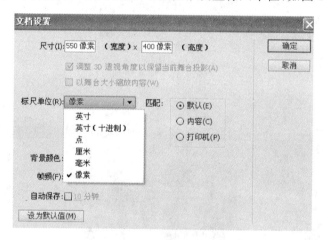

图 2-94 设置标尺的单位

2. 辅助线

辅助线和标尺共同作用,可以实现精确绘图和处理文本,方便地排列对象。要显示出辅助线,只需在水平标尺或垂直标尺上拖动鼠标,即可以拖出一条辅助线,如图 2-95 所示。

单击"视图"菜单中子菜单"辅助线"中的"编辑辅助线"命令,还可以弹出"辅助线"对话框,如图 2-96 所示。

图 2-95 显示辅助线

图 2-96 "辅助线"对话框

各参数具体功能如下。

- 颜色：可以设置辅助线的颜色。
- 显示辅助线：选中该复选框后将显示辅助线。
- 贴近至辅助线：使对象边缘吸附在辅助线上。
- 锁定辅助线：辅助线锁定将无法被移动。
- 贴近精确度：单击下拉列表框，有 3 个选项"一般"、"必须接近"、"可以远离"，可以根据需要进行相关设置。

当对象设计完成后，可清除辅助线，这时必须先将辅助线解锁，然后通过单击【视图】菜单中【辅助线】子菜单中的【清除辅助线】命令，将辅助线清除。

3. 网格

网格可以实现精确绘图和对象定位，使对象设计更加符合要求。单击【视图】菜单【网格】子菜单中的【显示网格】命令，将在舞台中显示出网格，如图 2-97 所示。

单击【视图】菜单中【网格】子菜单中的【编辑网格】命令，弹出网格对话框，如图 2-98 所示。"网格"对话框各参数功能如下。

图 2-97 显示网格图

图 2-98 "网格"对话框

- 颜色：设置网格颜色。

- 显示网站：选择该复选框后，将在舞台中显示网格。
- 贴紧至网格：选中后启动网格的吸附功能，对象自动贴近网格。
- 设置网格间隔大小：以像素为单位，↕用于设置网格纵向大小；↔用于设置网格横向大小。
- 贴紧至精确度：选择贴紧的精确性，包括"一般"、"必须接近"、"可以远离"、"总是贴紧"4个选项。

2.4 综合应用实例——绘制雪花

设计思想：该实例主要使用"多边形工具"和"线条工具"绘制具有8个边瓣的雪花图案，如图2-99所示；该实例除了使用以上工具，还运用如下知识点：元件的创建、对象的组合、图像的导入、对象的缩放、旋转等。

图 2-99　绘制雪花

① 在D盘新建一个文件夹，文件名为"tupian"，收集好所需图片放在文件夹中，如图2-100所示。

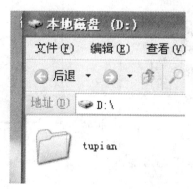

图 2-100　创建文件夹

② 打开 Flash CS5，创建新文档，选择【文件】菜单【导入】子菜单中【导入到舞台】命令，

如图 2-101 所示。

图 2-101　导入图片

③ 选择【插入】菜单【新建元件】命令,弹出"创建新元件"对话框,输入元件名称"雪花",类型设置为"图形",单击"确定"按钮,如图 2-102 所示。

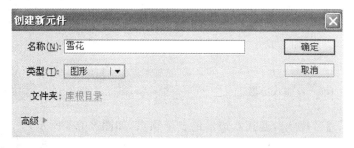

图 2-102　创建元件

④ 进入元件的编辑模式,选择【矩形】工具 中的"多角星形工具",如图 2-103 所示;单击属性窗口中的 选项... 按钮,样式设置为"多边形",边数设置为"8",如图 2-104 所示。

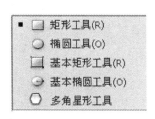

图 2-103　工具选择

图 2-104　工具设置

⑤ 单击【窗口】菜单中的属性，打开属性窗口进行相关设置，如填充、笔触、样式等，如图 2-105 所示。

图 2-105 属性设置

⑥ 按下 Shift 键的同时拖动鼠标，在舞台上绘制一个八边形，如图 2-106 所示。

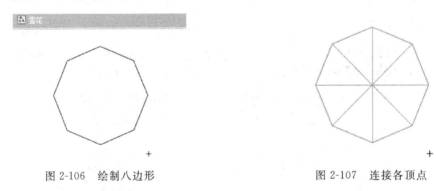

图 2-106 绘制八边形　　　　　　　　　　　图 2-107 连接各顶点

⑦ 选择【线条】工具，连接八边形的各个顶点，如图 2-107 所示。

⑧ 新建图层，选择【线条】工具，在八边形一个顶点上绘制边瓣，如图 2-108 所示。

⑨ 选中所有边瓣，选择【修改】菜单中的【组合】命令或者按下 Ctrl＋G 组合键将边瓣组合成一组对象，如图 2-109 所示。

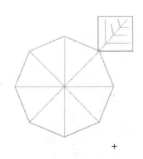

图 2-108 绘制边瓣　　　　　　　　　　　图 2-109 组合边瓣

⑩ 选择【编辑】菜单中的【复制】命令,将边瓣复制,再执行【编辑】菜单中的【粘贴】命令,将边瓣复制到八边形其他顶点上并选中,然后执行【窗口】菜单中的【变形】命令,打开【变形】面板,将对象旋转一定角度,并调整位置,如图 2-110 所示。

⑪ 重复执行第⑩步直到完成雪花的绘制,如图 2-111 所示。

图 2-110 变形面板设置　　　　　　　　　　图 2-111 完成雪花绘制

⑫ 单击舞台上方的 按钮,返回到"场景1"中,执行【窗口】菜单中的【库】命令,打开"库"面板,如图 2-112 所示。

图 2-112 雪花元件

⑬ 将图形元件"雪花"拖入到场景中,调整其大小,如图 2-113 所示。

⑭ 保存文档,按 Ctrl＋Enter 组合键测试影片,如图 2-99 所示。

⑮ 执行文件【菜单】中的【导出】子菜单,选择【导出影片】命令,将文件导出名为"雪花.swf"的影片,并将文件保存为"雪花.fla"。

图 2-113　拖入元件

思考与练习

一、单项选择题

1. 选择"工具箱"中的"线条"工具,按住 Shift 键绘制,可以绘制水平或垂直方向直线,也可以绘制以(　　)为角度增量倍数的直线。

   A. 45°　　　　　　　　B. 30°　　　　　　　　C. 15°　　　　　　　　D. 60°

2. 下列不属于"对齐"面板功能的是(　　)。

   A. 可以设置对象的对齐方式包括"左对齐"、"水平对齐"、"右对齐"、"上对齐"、"垂直中齐"或"底对齐"

   B. 可以使对象以舞台为标准,进行对象的对齐与分布设置

   C. 可以使对象在垂直方向等间距分布或使对象在水平方向等间距分布

   D. 可以设置对象不同的宽度和高度缩放百分比

3. 在 Flash 中,选择工具箱中的滴管工具,当单击填充区域时,该工具将自动变成(　　)。

   A. 墨水瓶工具　　　　B. 颜料桶工具　　　　C. 刷子工具　　　　D. 钢笔工具

二、填空题

1. 如果所操作的对象是一个元件或者是一幅位图,必须按下_____键将它们打散,才能吸取它们的颜色。

2. 使用椭圆工具制作圆形,拖动的同时按下_____键可以制作出正圆。

3. 在 Flash CS5 中,可以创建 3 种类型的文本:_____文本、_____文本和输入文本。

4. 使用_____工具可以改变渐变填充的形状。

5. 根据图像显示原理的不同,图形可以分为_____和_____。

6. 文本的滤镜选项在_____面板中。

7. 单击"对齐"面板中的_____按钮,可使对象以舞台为标准,进行对象的对齐与分布设置。

8. 选中对象,按住_____键,可以复制并移动对象副本。

三、操作题

　　利用本章学习的图形制作工具及填充工具等,制作完成如图 2-114 所示效果图中的心形,并制作"我们精彩的生活"文本。

图 2-114　效果图

第3章　简单动画制作

 本章导读

随着计算机技术的不断进步,动画产业得到了蓬勃发展,同时也带来了可观的经济效益。在美国、日本等国家,每年动画产业的收入都占到其国家经济总收入相当高的比例。动画制作软件的成功研制大大提高了动画制作的效率,使以往无法实现的影视效果得以实现,视觉效果也更加鲜明。

在 Flash CS5 中,可以轻松地创建丰富多彩的动画效果,只需通过更改时间轴中某一帧或某几帧的内容,就可以实现在舞台上移动对象、更改颜色、旋转、淡入淡出、更改形状等动画效果。通过本章的学习,可使读者掌握将精美图像及各种音、视频素材巧妙结合形成优美动画的技巧方法。

学习目标

- 掌握 Flash 动画基本制作方法。
- 了解 Flash CS5 中图层的作用及分类等基础知识。
- 了解图层编辑中的相关操作。
- 掌握 Flash CS5 中时间轴的使用方法。
- 熟练掌握常用动画的制作方法。
- 熟悉结合所学知识制作综合动画的具体操作过程。

3.1　制作第一个 Flash 动画

1. 动画概述

动画是一门幻想艺术,更容易直观表现和抒发人们的感情,扩展了人类的想象力和创造力。广义而言,把一系列静止对象,经过影片的制作与放映,变成会活动的影像,即为动画。许多人喜欢观赏动画作品、动画片,可对于"什么是动画?"的提问却往往无法解释清楚。总的来说,动画是一门通过介质的记录形成一个个的画面,并通过一定的速度来播放画面的技术,多幅画面通过有序播放使人们的眼睛感觉到画面在运动,从而形成动画。由于人的眼睛能暂留 1/24 秒以内的画面,如果在一幅图画还没有消失之前就切换到下一幅图画,就会给人带来流畅的动态视觉效果享受,正是利用了视觉暂留这一特性,动画制作者创作出了一个又一个经典动画片,如"大闹天宫"、"猫和老鼠"等。

本教材以 Flash CS5 为创作软件带领读者完成动画的创作。Flash CS5 可以运用时间轴中的"帧"将一个个静止的画面有序地排列在一起形成动画;Flash CS5 还可以在时间轴中构造逐帧动画,按时间顺序从时间轴中指定图层的第 1 帧开始排列一系列的动画素材。如果想知道动画播放的时间长度时,可以通过计算帧的个数来实现。Flash CS5 的默认帧率为每秒 14 帧,因此若整个动画在时间轴中播放的帧长度为 48 帧时,则动画可以播放 4 s;若将帧率设置为 48 帧/秒,那么刚刚的动画则只能播放一秒。目前电影的帧频率一般为 24帧/秒、25 帧/秒或 30 帧/秒,如果低于这个频率那么人们在观看电影时就会感觉到停顿从而影响视觉效果。当然,出现视频卡的情况除了与帧率有关还与传输媒介、网速等因素有关。

2. 第一个 Flash 动画——变色文字

(1)启动 Flash CS5,单击【文件】菜单中的【新建】命令,创建一个空白文档,设置舞台的大小到合适的尺寸,背景设置为"白色"。

(2)将"图层1"重命名为"彩条",使用矩形工具 绘制图形,绘制时注意矩形的大小调整为合适尺寸,并选择【窗口】菜单中【颜色】命令,打开"颜色"面板,将"矩形"填充为线性渐变色,如图 3-1 所示。

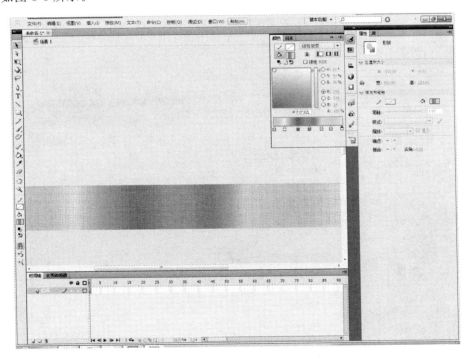

图 3-1　文档及彩条制作效果

(3)单击"彩条"图层的关键帧,在图形上右击或直接按下 F8 键,弹出"转换为元件"对话框,输入名称为"彩条",类型为"图形",如图 3-2 所示;在第 100 帧的位置按 F6 键插入关键帧,选中"彩条"元件向右移动到合适的位置,在第 1 帧与第 100 帧之间选中某帧右击鼠标,在弹出的快捷菜单中选择【创建传统补间】命令,如图 3-3 所示。

图 3-2 "转换为元件"对话框

图 3-3 创建传统补间动画

（4）在"彩条"图层上方新建"文本"图层，使用文本工具 **T**，在舞台合适位置输入所需文字，如"简单的 Flash 动画"，调整文字的大小和字体，在第 100 帧的位置按 F5 键插入普通帧使其一直显示到 100 帧。

（5）选中"文本"图层，右击鼠标弹出一个快捷菜单，选择【遮罩层】命令为将该图层设置为遮罩层，如图 3-4 所示。

图 3-4 创建遮罩图层

(6) 选择【文件】中【导出】子菜单中的【导出影片】命令,弹出"导出影片"对话框,选择保存到合适的位置,输入影片名称"变色的文字.swf",并将文件保存为"变色的文字.fla",按下 Ctrl＋Enter 组合键测试影片,完成"变色文字"动画的制作,效果如图 3-5 所示。

简单的**Flash**动画

图 3-5 "变色文字"效果图

3.2 图层的使用

当要制作包含多个对象的复杂动画时,仅使用 Flash CS5 工具箱中的工具是远远不够的。本小节主要介绍如何通过 Flash CS5 中的图层实现复杂动画的制作;同时,通过对特殊图层的描述,帮助学习者感受特殊图层的独特魅力。

3.2.1 图层的作用

图层在动画制作过程中到底起到什么作用? 在前面的章节中我们已经提到,绘图工具一般有两种绘制模式,即合并模式 🔲 和对象模式 🔗 。在合并模式下绘制的图形会产生同色相溶、异色相切的现象,如图 3-6 所示的蓝色圆形,当添加了图 3-7 所示的紫色矩形后,由于合并模式中的"同色相溶异色相切"特征,可产生图 3-8 所示的效果。

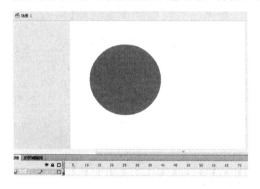

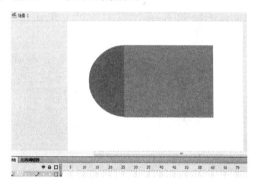

图 3-6 合并模式下绘制蓝色圆形   图 3-7 合并模式下绘制紫色矩形

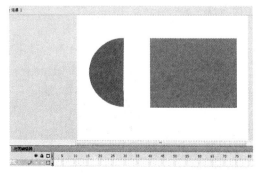

图 3-8 合并模式下"异色相切"现象

因而,在合并模式下绘制不同颜色的图形时,必须为绘制的图形分别创建相应图层,如此可避免"异色相切"的现象出现,如图 3-9 所示。

由此,可将图层的主要作用归纳为:分离图形元件和设计动画特殊效果。图层能够分离每个不相关的图形元件。在动画制作过程中,如果要实现其中一个图形元件运动,而另一个图形元件做其他运动或处于静止状态时,必须将相应的图形元件分别置于不同的图层中。图

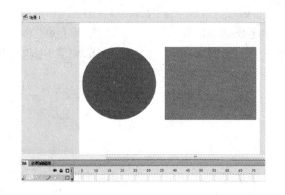

图 3-9　合并模式下不同图层中的两个图形

层在特殊效果制作方面也具有非常重要的作用,制作动画时可通过添加相应的图层而产生特殊的动态效果,例如,遮罩层可用于制作遮罩动画,引导层可以创建引导动画等。

3.2.2　图层的分类

(1) 图层文件夹

与 Windows 操作系统中资源管理器的文件夹作用类似,图层文件夹的使用可以有助于图层的管理,将相关的图层分列在一起。

(2) 普通图层

在 Flash CS5 的新建文档的时间轴中,默认的第一个图层就是普通图层 🗇 。普通图层的创建方法如下,在已有的图层上单击鼠标右键,在弹出的快捷菜单中选择【插入图层】命令,如图 3-10 所示。

图 3-10　插入图层

（3）引导图层

引导层分为标尺引导层和路径引导层，引导层的作用就是引导它下面图层中动画对象的运动，可以通过在图层区单击 按钮创建。

（4）遮罩图层

遮罩层又称为关系图层，至少由两个图层组成：一个作为遮罩层，另一个作为被遮罩层。无论遮罩层对象有多么复杂都不会出现在画面里。遮罩层的作用是将被遮罩的对象在遮罩层对象的轮廓范围内正常显示，创建遮罩层的方法如下，在图层上右击鼠标，在弹出的快捷菜单中选择【遮罩层】命令，如图 3-11 所示。

图 3-11　遮罩层

3.2.3　图层的编辑

1. 图层的创建与删除

（1）图层的创建

方法一：鼠标单击【插入】菜单中【时间轴】子菜单中的【图层】命令，就可以在选中的图层上面增加一个图层。

图 3-12　通过【插入】菜单建立图层

方法二：在图层状态栏直接单击 按钮。

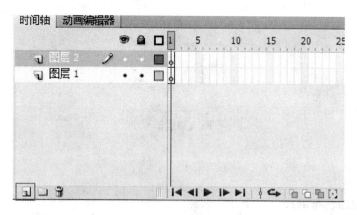

图 3-13　利用"新建按钮"建立图层

（2）图层的删除

方法一：鼠标右击要删除的图层，在弹出的快捷菜单中选择【删除图层】（注：当仅剩一个图层时，无法执行"删除图层"命令），如图 3-14 所示。

图 3-14　删除图层

方法二：鼠标单击选中要删除的图层,再单击时间轴左下角的删除图层按钮 。

2. 图层的重命名

图层的重命名操作类似于 Windows 资源管理器中文件夹的重命名,可直接双击要重命名的图层,输入正确图层名称后按下回车键确认即可,如图 3-15 所示。

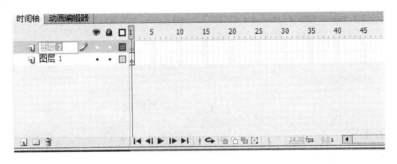

图 3-15　图层重命名

3. 图层的排列

在 Flash 动画制作过程中,为了使各图层按不同的顺序从上至下排列以造成不同的视觉效果,默认状态下新添加的图层将出现在当前图层的上方,此时若需要重新排列各图层的位置,可通过拖动鼠标实现。

4. 图层文件夹的编辑

当 Flash 动画的图层较多时,建立图层文件夹则能起到对图层分类存放的作用。

单击新建按钮 可以创建一个图层文件夹。删除图层文件夹时,可以先单击要删除的图层文件夹,再单击删除按钮 ,如果要删除的文件夹中含有图层,这时会弹出一对话框,询问是否删除,确认无误后可单击"是"按钮删除图层。同样,图层文件夹和图层一样能随意排序,图层文件夹也能实现重命名操作。另外,图层文件夹还可以展开和折叠,单击图层文件夹前面的三角便可以实现在两种状态之间任意切换,如图 3-16 所示。

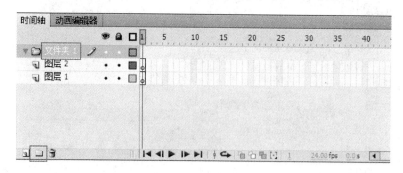

图 3-16　图层文件夹

5．图层的显示与隐藏

利用 Flash CS5 进行动画制作时,如果只对少部分图层进行操作,而对其他图层暂不做任何处理,可将暂不处理的图层隐藏起来。隐藏图层前,需先单击图层名称后的第一个黑点"·",使其变成红色的叉号 ✕。若要将隐藏的图层显示出来则只需要将叉号再次单击变成黑点。如果需要隐藏全部图层则可单击图层名称列上方的 👁 按钮,取消隐藏只需要再次单击该按钮即可,如图 3-17 所示。

图 3-17　图层的显示与隐藏

6．图层的锁定

若要显示图层但又不对图层进行任何操作,可以对图层进行锁定。操作步骤为:选中要锁定的图层然后单击图层名称后的第二个黑点 ，使其变成 🔒,如需锁定全部图层可直接单击图层名称列上方的 🔒 按钮,若要还原只需再次单击该按钮即可。

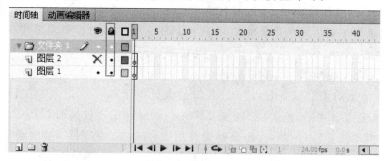

图 3-18　图层的锁定

7. 图层的轮廓模式

使用图层的轮廓模式能使图层中的对象只显示轮廓而不显示其本身的内在色彩。

操作步骤为:单击图层名称后的实心方框██,使其变成空心方框□,如需启动全部图层的轮廓模式可直接单击图层名称列上方的□按钮,若要还原只需再次单击该按钮即可。

8. 遮罩层与被遮罩层

与图像处理软件 Photoshop 类似,在 Flash CS5 中也有蒙版,被称为遮罩。遮罩层的使用可以得到特殊的效果,就像我们制作一个圆形的图形一样,圆形所在的图层为遮罩层,图形层为被遮罩层,制作完成后会自动"锁定",出现遮罩效果。其操作步骤为:在被遮罩的图层(如图 3-19 所示)上面的图层上右击选择遮罩层,这时选中的图层即为遮罩层(如图 3-20 所示),下面的图层自动变为被遮罩层(如图 3-21 所示)。取消遮罩效果时只需右击遮罩图层,在"图层属性"对话框中单击类型中的"一般"即可还原遮罩图层及被遮罩图层。

图 3-19 被遮罩图层

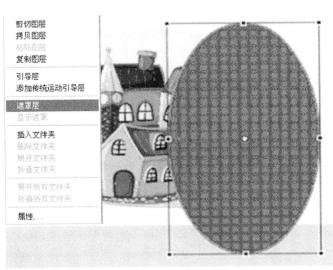

图 3-20 设置遮罩层

图 3-21 遮罩效果图

71

3.3　时间轴的使用

3.3.1　时间轴与帧

时间轴用来控制、组织整个动画在一定时间内播放的图层个数和帧的数目。时间轴主要由图层、帧和播放头组成。通过时间轴与帧的应用,可以对图层对象产生作用,使其产生运动、遮罩等效果。

1. 认识帧

(1)帧的分类

关键帧:动画中的每个不同形状都必须使用关键帧。例如,逐帧动画的每一帧都要设置关键帧;动画中各个重要位置上也须设置关键帧,如此才能制作出视觉效果较好且具有一连串动态效果的高质量动画。关键帧的符号为●。

普通帧:Flash 中的每一个小格即为一个普通帧。当帧没有颜色时,表明该帧是空白的,不同类型的动画对应的帧的颜色各不相同,如动作补间动画的帧显示为浅蓝色;形状补间动画的帧显示为浅绿色;静止关键帧后的帧显示为灰色。关键帧后面的普通帧将继承该关键帧的内容。

空白关键帧:可通过鼠标右键单击普通帧添加一个空白关键帧,当播放到空白帧时该图层的画面短暂空白,空白关键帧的符号为○。

帧标签:如需在关键帧上做标注,应先单击要标注的关键帧,然后在"属性"面板的"帧"中填写要标注的内容,被标注的关键帧上面有一个红色小旗 label,此时"标签类型"中的 3 个选项"名称"、"注释"、"锚记"将分别产生 3 种效果图 label、label、label。

播放头:播放头显示的是舞台中的当前帧,当动画播放时播放头沿着时间轴逐帧移动,可通过鼠标将播放头拖放至任意帧上。播放头的符号为█,当播放头处在哪个帧上时,该帧即称为"播放帧"。

(2)帧的编辑

帧的编辑操作主要包括插入关键帧、删除帧、转换关键帧为空白关键帧,帧的剪切、复制、粘贴,帧的反转、清除等操作,如图 3-22 所示。

帧的选择操作类似于 Windows 资源管理器中文件的选择操作。若要选择单个帧可通过鼠标单击完成,若要选择连续多个帧,则需按住鼠标左键拖动或按住 Shift 键后单击需选中的帧,若要选择不连续的帧则可以按住 Ctrl 键后再逐个单击需要选中的帧。

删除多余的帧,可以在要被删除的帧上右击鼠标,在弹出的快捷菜单中选择"删除帧"命令。当在关键帧上右击鼠标选择"清除关键帧"时,则不会删除关键帧,而是将关键帧转变为普通帧,此时该帧将延续其前一个关键帧的内容。

帧可以通过复制操作应用到本图层和其他图层上,如此大大简化了工作量,但需注意的是,当复制的帧中包含关键帧时,复制前后的动画效果是不一样的。

在 Flash 动画的制作过程中,合理地运用帧的翻转,可以完成对象的上升、下降和相反运动。

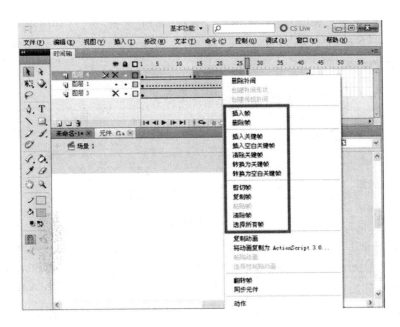

图 3-22　帧的编辑

课堂练习 3-1——弹起的小球

具体操作步骤如下。

① 新建一空白文档,将其命名为"弹起的小球",重命名"图层 1"为"背景",导入合适的图片作为背景,如图 3-23 所示。

图 3-23　新建 Flash 文档

② 插入"球"图形元件(如图 3-24 所示),选择"椭圆"工具,按下 Shift 键的同时,在舞台上绘制一个大小合适的正圆,然后,使用"颜色"工具给正圆填充合适的径向渐变色,完成"球"图形元件的创建。

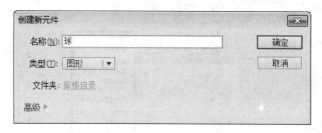

图 3-24　新建"球"图形元件

③ 返回"场景 1",在背景图层的上方新建"小球"图层,拖动"球"元件到舞台中央偏下的位置,调整好球的大小,在第 50 帧按下 F6 键插入关键帧,并拖动"球"图形元件向上移动到合适的位置(该位置即为小球弹起的最高点),在第 1 帧到第 50 帧之间任一帧右击鼠标选择【创建传统补间】命令,如图 3-25 所示。

图 3-25　小球上升过程

④ 选中第 1 帧到第 50 帧右击鼠标选择【复制帧】命令复制帧,在第 51 帧的位置右击鼠标选择【粘贴帧】命令,完成帧的复制粘贴。

⑤ 选择第 51 帧到第 100 帧,右击鼠标选择【翻转帧】命令,如图 3-26 所示完成利用帧的翻转实现的简单动画,即小球的弹起与落下。

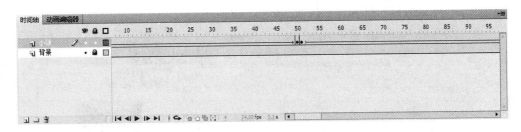

图 3-26 "翻转帧"效果

2. 帧的属性

在时间轴的下方有 5 个按钮,可以用来设置帧的属性,具体介绍如下。

(1) 帧的居中

当动画的帧数比较多时,可以通过单击帧居中按钮 🔲 ,使当前帧位于整个时间轴的中间,便于观看和操作。

(2) 绘图纸外观与绘图纸外观轮廓

使用绘图纸外观,可以记录元素逐帧变化的位移轨迹。当想让一个帧在相同帧编号的多个图层产生重叠效果时,可以单击时间轴下方的绘图纸外观按钮 🔲 来实现;如果单击绘图纸外观轮廓按钮 🔲 则只会直接显示透明的移动轨迹,没有任何色彩,如图 3-27 所示。

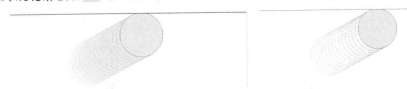

图 3-27 绘图纸外观效果

(3) 编辑多个帧

如果我们想对多个元件同时编辑,这几个元件有的在不同的图层上,有的在不同的帧编号上,可以选择编辑多个帧按钮 🔲 按钮,实现对多个元件同时编辑。

(4) 修改标记

单击修改标记按钮 🔲 会发现有 5 种状态,具体如下。

"总是显示标记"功能是无论"绘图纸外观"是否被选中,都会显示绘图纸外观轮廓。"锚定标记"能够锁定控制点,使帧的位置不会在"绘图纸外观"的范围内随着基准帧位置的改变而发生改变。"标记范围 2"、"标记范围 5"和"标记整个范围"选项可以快速地扩展"绘图纸外观"帧的数目。

🔑 **课堂练习 3-2——飞驰的长跑运动员**

具体操作步骤如下。

① 新建一空白文档,将其命名为"飞驰的长跑运动员",重命名"图层 1"为"跑道背景",导入合适的图片作为背景,调整图片大小、位置为最佳状态,如图 3-28 所示。

② 导入"运动员.jpg"图片到"库"面板,如果导入多张运动员动作分解图片,可以制作连续动画;这里为了使读者更好地了解"绘图纸外观"这一效果,导入一张实例图片,在"跑道背景"图层上方新建"运动员"图层,在该图层第一帧导入"运动员"图片,并将其转换为"运动

员"图形元件,并调整图片的大小和位置,如图 3-29 所示。

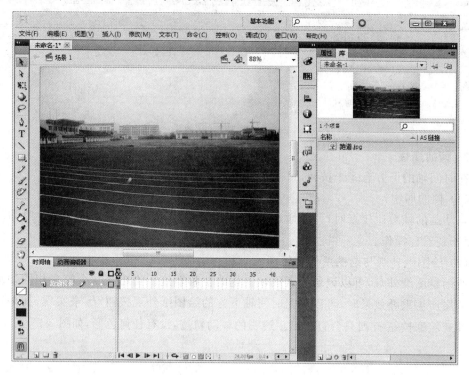

图 3-28　新建空白文档

图 3-29　导入"运动员"元件

③ 选中"跑道背景"图层,在第 30 帧处按 F5 键插入帧,使背景图片一直显示到第 30 帧;选中"运动员"图层,在第 30 帧处按 F6 键插入关键帧,并调整该帧运动员图片到合适位置,在第 1 帧到 30 帧之间任选一帧,右击鼠标选择【创建传统补间】动画。

④ 为了显示运动员的奔跑速度,在"时间轴"面板最下方,选择绘图纸外观按钮 ▦ ,显示效果如图 3-30 所示。

图 3-30 "绘图纸外观"效果

⑤ 在图 3-30 中可以看到"绘图纸外观"效果,在"修改标记"中可以修改绘图纸虚影的帧数,也可以直接拖动时间轴上的小圆圈来改变虚影的帧数。

⑥ 按下 Ctrl＋Enter 组合键测试影片,最后保存源文件"运动员.fla"。值得注意的是,"绘图纸外观"或"绘图纸外观轮廓"效果一般情况下只有在源文件中才能查看。

3.3.2 动画预设

1. 预设动画面板

单击【窗口】菜单中的【预设动画】命令,可以打开"预设动画"面板。"动画预设"面板可以实现快速创建各种高质量动画效果,节省创作时间,提高工作效率。"动画预设"面板是 Flash CS5 特有的特效模式,只需要对元件设置某些参数即可。虽然利用常规的操作方法也可以实现预设动画中的某些特效,如"变形"、"模糊"等,但是要实现预设动画中的特效却要花费更多的时间。

提示:要应用"动画预设"面板中的特效,舞台中的对象必须是元件,所以在应用该特效之前,应把对象转换为元件。

2. 动画预设操作

在 Flash CS5 中，"动画预设"面板提供了 32 种动画特效，除了有丰富的 2D 动画特效，甚至还有几种 3D 动画特效。需要注意的是，如果要应用 3D 动画特效，必须创建 Action-Script 3.0 脚本动画才能实现。

给对象添加动画预设效果的操作步骤如下。

① 在 Flash CS5 中创建新文档，在弹出的"新建"对话框中选择"ActionScript 3.0"，如图 3-31 所示。

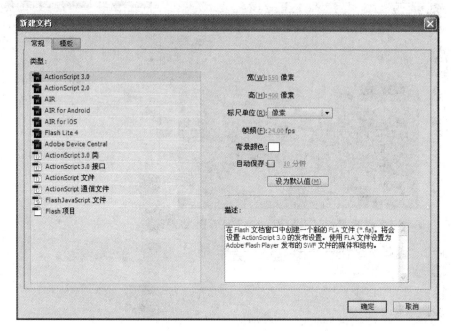

图 3-31　新建"ActionScript 3.0"文档

② 选择要添加动画特效的对象，如果该对象不是元件，则要将其转换为元件；在该对象上右击鼠标，选择【转换为元件】命令，弹出"转换为元件"对话框，名称为"矩形"，类型为"影片剪辑"，如图 3-32 所示。

图 3-32　"转换为元件"对话框

③ 单击【窗口】菜单中【预设动画】命令，打开"动画预设"面板，在该面板中，单击"3D 文本滚动"动画特效，在上面的预览窗口中就会显示该特效效果，如图 3-33 所示；单击"应用"按钮，时间轴中"图层 1"中会自动产生新关键帧并自动创建补间动画，如图 3-34 所示。

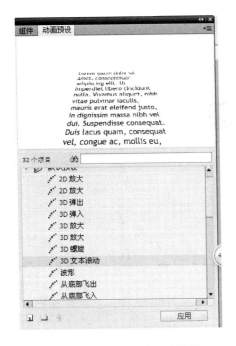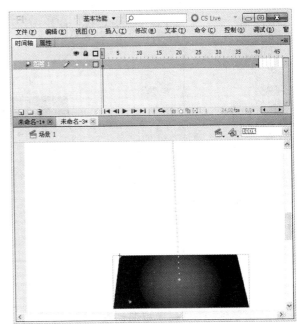

图 3-33　选择"3D 文本滚动"特效　　　　图 3-34　应用"3D 文本滚动"特效后的对象

④ 单击【窗口】菜单中的【动画编辑器】命令，在弹出的对话框中修改选项值，如图 3-35 所示。

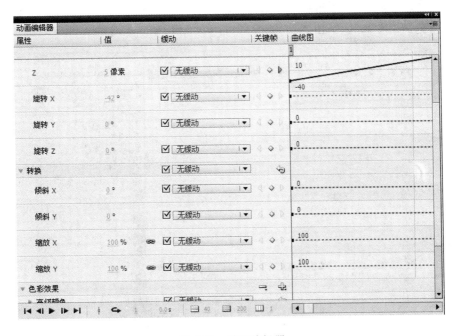

图 3-35　动画编辑器

⑤ 保存文件为"矩形动画.fla"，按下 Ctrl＋Enter 组合键，测试影片，动画效果如图 3-36 所示。

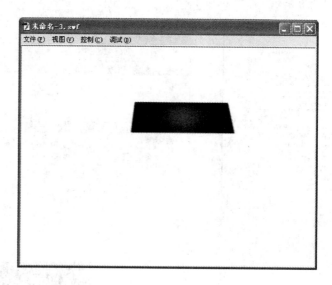

图 3-36　测试影片

课堂练习 3-3——相册切换

具体操作步骤如下。

① 新建一个 ActionScript 3.0 空白文档并重命名名为"相册",导入制作相册所需要的照片和相框图片,开始制作简单的时间轴切换效果的相册。

② 将图层 1 重命名为"相框"图层,并新建"照片 1"图层和"照片 2"图层,调整"相框"图层的位置,完成准备工作,如图 3-37 所示。

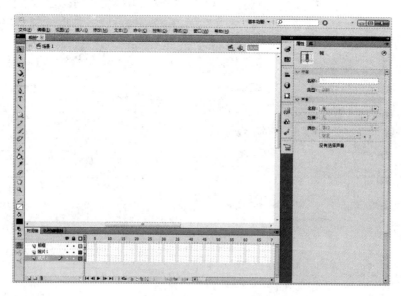

图 3-37　相册制作准备

③ 选中"相框"图层的第 1 帧,将相框图片拖到舞台中央,调整图片的大小使其匹配舞台的大小,然后锁定该图层,使其在后面的操作中不受影响,如图 3-38 所示。

图 3-38　导入相框图片,锁定相框图层

④ 选中"照片 2"图层的第 1 帧,拖动一张照片到舞台,调整其大小使其适应相框图片,然后按 F8 键将其转化为元件,在第 10 帧的位置按下 F6 键插入关键帧,然后在第 1 帧和第 10 帧之间任一帧右击鼠标选择"创建传统补间";然后选中第 1 帧的照片,在"属性"面板中调整其 Alpha 值为 0%,实现照片从无到有的过程,然后在第 50 帧处按下 F5 键,使照片一直显示到第 50 帧,完成第一张照片的操作,如图 3-39 所示。

⑤ 选中"照片 1"图层,在第 40 帧处右击插入"空白关键帧",从库中拖入第二张照片到舞台,调整其大小为一个稍小一点的照片,然后按 F8 键将其转化为元件,在第 50 帧处插入关键帧,利用【任意变形】工具调整大小使其适应相框大小,在第 40 帧与第 50 帧之间任选一帧右击选择"创建传统补间",在第 90 帧处按 F5 键,使照片一直显示到第 90 帧。

⑥ 依据第④步和第⑤步,将其他照片拖入到舞台,并且设置其他照片不同的进入和退出效果。

⑦ 在"预设动画"面板中,选择某种动画特效,通过"动画编辑器"修改"基本动画"、"转换"、"色彩效果"、"滤镜"、"缓动"等选项设置照片的播放效果,最终完成相册的制作,并保存作品。

图 3-39　完成第一张照片的制作

3.4　几类常用动画的制作方法

在 Flash CS5 中,动画的基本类型包括逐帧动画、补间动画、引导动画和遮罩动画等,本节将详细介绍每种动画的制作方法。

3.4.1　逐帧动画

逐帧动画是指在时间轴上逐帧绘制帧内容,由于要一帧一帧地绘制,所以逐帧动画要具有较强的连贯性,能够充分展示动画对象的连贯动作。由于逐帧动画的帧序列内容不一样,不仅增加制作负担而且最终输出的文件量也很大,但是它的优势也很明显,因为它与电影播放模式相似,很适合表现很细腻的动画,如 3D 效果、人物或动物急剧转身等效果。

逐帧动画就是用每一帧一幅图的形式让"小鸟"真的"飞"起来的一种动画类型,如图 3-40 所示为动画中小鸟飞行动作的全过程。接下来,通过一个练习为大家介绍一下飞翔的小鸟具体制作过程。

图 3-40 小鸟飞行动作

课堂练习 3-4——小鸟飞行动作

具体操作步骤如下。

① 使用【文件】中的【新建 Flash 文档】命令,大小设置为 400×400,单位为像素,背景色为"白色"。

② 在第一帧创建关键帧,然后选择【文件】菜单中的【导入】子菜单中【导入到舞台】命令,选择逐帧动画制作素材中 8 个小鸟动作图片的"小鸟 1.png",如图 3-41 所示。

图 3-41 素材选择

③ 选择第一幅图后,单击"打开"按钮后将出现如图 3-42 所示的对话框,若有现成的逐帧动画素材则可以选择"是",若没有则选择"否"。

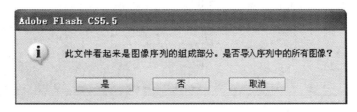

图 3-42 导入序列中的所有图像

④ 所有素材导入后,时间轴中会自动插入和图片相同个数的关键帧,然后用鼠标拖动

调整每一关键帧"小鸟"的位置。

⑤ 按 Ctrl＋Enter 组合键演示动画,这时,小鸟已经可以"飞"起来了,如图 3-43 所示。

图 3-43　飞行的小鸟

3.4.2　补间动画

1. 概念

使用 Flash CS5 制作动画时,在两个关键帧之间需要做"补间动画",才能实现图画的运动。插入补间动画后两个关键帧之间的插补帧是由计算机自动运算而得到的。Flash 动画制作中的补间动画分两大类:一类是形状补间动画,用于创建形状改变的动画;另一类是传统补间动画,用于创建图形及元件的动画。

2. 制作实例

本章 3.1 节中的例子"弹起的小球"是典型的传统补间动画,这里再给读者举一个形状补间动画的实例。

课堂练习 3-5——变化的文字

具体操作步骤如下。

① 使用【文件】菜单中的【新建】命令创建空白文档,大小 500×200,单位为像素,背景为"白色"。

② 使用文字工具 T ,在背景合适位置写一个"生"字,设置文字属性,然后选中文字,两次按下 Ctrl＋B 组合键将文本分离为图形。

③ 在"图层 1"的第 14 帧按下 F6 键插入"空白关键帧",使用文字工具输入"幸"字,然后选中文字,按下 Ctrl＋B 组合键将文本分离为图形。

④ 将"幸"字位置调整与"生"字尽量重合,为了方便重合,可使用时间轴下方"绘图纸外观轮廓"按钮,使第 1 帧的"生"字轮廓显示出来,如图 3-44 所示。

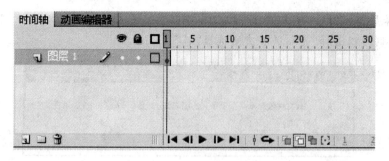

图 3-44　绘图纸外观轮廓

⑤ 此时舞台效果如图 3-45 所示。

⑥ 在时间轴的第 1 帧至第 14 帧任意位置右击鼠标,选择【创建形状补间】动画。

⑦ 观察时间轴,由第 1 帧到第 14 帧之间出现黑色箭头,背景为浅绿色。

图 3-45 舞台效果

⑧ 在第 24 帧按下 F6 键插入关键帧,在第 37 帧插入空白关键帧,在第 1 帧按下 Ctrl+C 组合键复制对象,在第 37 帧按下 Ctrl+Shift+V 组合键将对象粘贴到当前位置,在第 47 帧插入空白关键帧,按下 Ctrl+C 组合键复制第 14 帧对象,在第 47 帧的位置按下 Ctrl+Shift+V 组合键粘贴帧到当前位置。

⑨ 将第 24 帧和第 37 帧两次按下 Ctrl+B 组合键将文本分离为图形,然后在两帧之间任意帧创建"形状补间"动画。

⑩ 现在从"生"字到"幸"字的变化就完成了,此时间轴如图 3-46 所示。

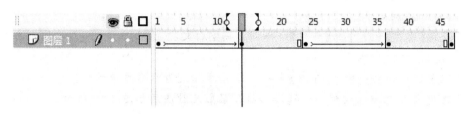

图 3-46 时间轴状态

⑪ 为了方便制作,可以双击图层 1 将名称改为"生",另外三个字的变化制作过程与此相同,就不再赘述了,全部完成后时间轴如图 3-47 所示,动画效果如图 3-48 所示。

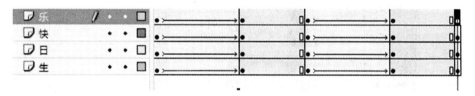

图 3-47 全部完成后的时间轴

生 日 快 乐
↓
幸 福 安 康

图 3-48 文字变形动画效果

85

3.4.3 引导动画

1. 概念

引导动画也可称为运动引导层动画,在运动引导层中绘制路径,可以使运动渐变动画中的对象沿着指定的路径运动。在一个运动引导层下可以建立一个或多个被引导层。

2. 制作实例

在引导层的帮助下,我们可以让对象按照特定的路径运动,如之前介绍的逐帧动画小鸟,利用引导层,我们可以使小鸟向前飞行。如果再配上逐帧动画效果,那么一只向前飞行的小鸟动画就制作出来了。下面介绍如何利用引导层使静态小鸟向前飞行。

课堂练习 3-6——静态小鸟飞行

具体操作步骤如下。

① 使用【文件】菜单中的【新建】命令创建一空白文档,大小 600×200,单位为像素,背景白色。

② 在图层上的第一帧上【导入】素材小鸟 1,拖动到舞台靠左侧的位置。

③ 选中图层 1,单击右键,选择【添加引导层】,此时图层如图 3-49 所示。

图 3-49 添加引导层

④ 选中引导层的"第 1 帧",使用铅笔工具 绘制一条曲线,这条曲线就是小鸟飞行的轨迹,如图 3-50 所示。

⑤ 将引导线的起始端对准小鸟的中心位置,然后在引导层的第 40 帧插入关键帧,在"图层 1"的第 40 帧插入关键帧。

图 3-50　飞行轨迹起点

⑥ 选中"图层 1"第 40 帧的小鸟,将其沿着曲线拖动到曲线尾端,并使尾端端点处于小鸟中心位置,如图 3-51 所示。

图 3-51　飞行轨迹终点

⑦ 在"图层 1"的第 1 帧至第 40 帧之间创建"传统补间动画"。

⑧ 按 Ctrl＋Enter 组合键测试动画,这时小鸟按照引导层的路线在飞行,观看动画的时候看不到引导线的存在。

3.4.4　遮罩动画

遮罩动画是指使用 Flash 中遮罩层的作用而形成的一种动画效果。遮罩层中的内容在动,而被遮罩层中的内容保持静止。在 Flash 动画中,"遮罩"主要有两种作用,一种作用是在整个场景或一个特定区域,使场景外的对象或特定区域外的对象不可见,另一种作用是用来遮罩住某一元件的一部分,从而实现一些特殊的效果。

课堂练习 3-7——简单遮罩动画

具体操作步骤如下。

① 使用【文件】菜单中的【新建】命令创建一空白文档,大小为 550×400,单位为"像素",背景为"白色"。

② 在"图层 1"上使用【文字】工具输入"生日快乐"四个字,字体大小自定。

③ 新建"图层 2"命名为"遮罩层",在第 1 帧使用椭圆工具 ⬭ 绘制一个无边框的圆,填充颜色随意,如图 3-52 所示。

④ 在"图层 1"的第 24 帧位置插入帧,在"图层 2"的第 24 帧位置插入关键帧,然后选中"图层 2"中的"圆",拖到舞台的右侧,如图 3-53 所示。

图 3-52　绘制一个圆

图 3-53　拖动圆至右侧

⑤ 通过按下 Ctrl＋B 组合键在遮罩层上将第 1 帧和第 24 帧的圆分别分离,然后在时间轴第 1 帧至第 24 帧之间"创建形状补间"动画,在"图层 2"上右击鼠标,选择"遮罩层",如图 3-54 所示。

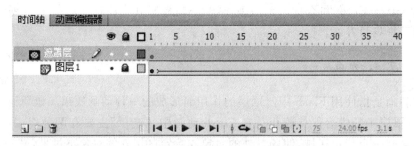

图 3-54　建立遮罩层

⑥ 按 Ctrl＋Enter 组合键观察遮罩动画效果,需注意的是,只有在遮罩层填充色下才可以看到下面的图层。

3.5　综合应用实例——制作百叶窗动画

设计思想:通过以上几节内容学习,对 Flash 动画制作有了初步了解,本节将前几节学过的基础知识结合起来,制作一个综合 Flash 动画。本动画将动态打字效果显示在百叶窗中(如图 3-55 和图 3-56 所示),该动画主要使用了形状补间动画、逐帧动画和遮罩动画等相关知识及操作,将这几种动画效果在同一个 Flash 动画中实现,完成本实例制作。

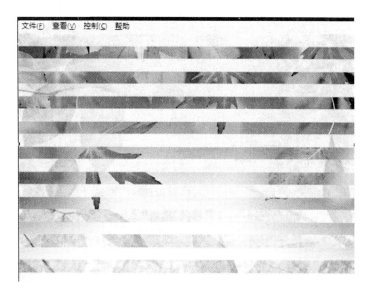

图 3-55　百叶窗效果图

图 3-56　百叶窗打字效果

具体操作步骤如下。

① 使用【文件】菜单中的【新建】命令创建一空白文档,大小为 550×400,单位为"像素",背景为"白色"。

② 在"图层 1"的第 1 帧使用【文件】菜单中的【导入】子菜单【导入到舞台】命令将素材中的"背景 1.jpg"导入到舞台中,如图 3-57 所示。

图 3-57　背景 1

③ 插入"图层 2",在第 1 帧的位置导入素材中的背景 2 到舞台,此时舞台效果如图 3-58 所示。

图 3-58　舞台效果

④ 使用 Ctrl＋F8 组合键新建一个元件,命名为"叶子",类型为影片剪辑,如图 3-59 所示,单击"确定"按钮。

图 3-59　创建新元件

⑤ 选择"工具箱"中的矩形工具 ▢，填充颜色随意，在舞台上画一个长方形，然后选中长方形，在"属性"面板中设置宽为550，长为40，单位为像素，如图3-60所示。

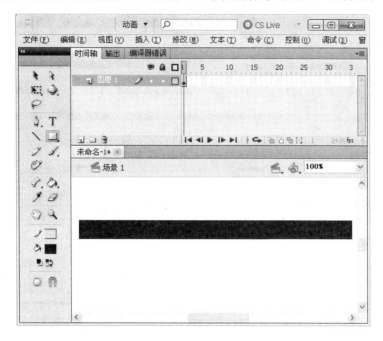

图 3-60　绘制长方形

⑥ 在图层1的第40帧位置插入关键帧，然后选中长方形，在属性面板中将长改成1，宽不变，然后在第1帧到第40帧之间创建"形状补间"动画。

⑦ 使用Ctrl＋F8组合键创建一个新元件，命名为百叶，类型为影片剪辑，单击"确定"按钮。

⑧ 打开"库"面板，找到元件"叶子"，用鼠标将元件拖到舞台上，总共拖动10个，整齐排列使其完全覆盖住场景。此处想要使其整齐排列，可使用"窗口"中的"对齐"命令。

⑨ 单击"百叶"影片剪辑右上角的"场景1"标志，返回到场景。

⑩ 插入"图层3"，重命名为"百叶"，在第1帧中将"库"面板中的"百叶"元件拖入到舞台，完全覆盖舞台，如图3-61所示。

图 3-61　拖入元件

⑪ 右键单击"百叶"图层,选择"遮罩层"。此时"百叶"图层成为遮罩层,按 Ctrl+Enter 组合键测试动画,百叶窗效果已经完成,如图 3-62 所示。

图 3-62　百叶窗效果

⑫ 接下来是打字效果。首先在图层 1、图层 2 和百叶图层的第 40 帧分别插入关键帧,并创建动作补间动画。然后插入图层,重命名为背景,在第 41 帧的位置插入空白关键帧,选择【文件】→【导入】→【导入到舞台】命令,将素材中的"背景1"导入到舞台。

⑬ 插入两个图层,分别命名为"光标"和"文字",如图 3-63 所示。

⑭ 接下来制作光标。在光标层的第 41 帧插入关键帧,使用"线条工具"画一条短横线作为光标,

图 3-63　图层效果

然后在第 42 帧的位置插入空白关键帧。选中这两帧,按住 Ctrl 键每隔两帧复制一次,总共复制两次,这是为了制作光标闪烁效果,此时时间轴如图 3-64 所示。

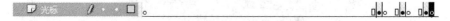

图 3-64　光标图层时间轴状态

⑮ 在光标层的第 53 帧处插入关键帧。然后在文字层的第 53 帧处插入关键帧,使用"文字工具"输入"天凉好个秋"几个字并调整好位置,与光标对齐(如图 3-65 所示),调整位置时可借助标尺,可在【视图】菜单中的【标尺】命令显示标尺,使用鼠标从标尺拖动即可拖出辅助线。

⑯ 在文字层的第 53 帧到第 58 帧之间的所有帧都插入关键帧。在第 53 帧的位置使用"文字工具"将"凉好个秋"四字删除,并在光标层的第 53 帧创建关键帧,并将绘制的光标水平向右拖动到"天"字后方,如图 3-66 所示。

图 3-65　文字与光标对齐

图 3-66　拖动光标位置

⑰ 后面的第 54 帧到第 56 帧都按照此步骤,分别删掉"好个秋"、"个秋"、"秋"等字,并将光标后移。直到文字层第 57 帧为"天凉好个秋"5 个字,光标在"秋"字后面,如图 3-67 所示。

图 3-67　舞台效果

⑱ 在光标层的第 58 帧插入空白关键帧,在背景层的第 58 帧插入关键帧,这样打字效果就完成了,此时时间轴如图 3-68 所示。

⑲ 同时具有百叶窗效果和打字效果的 Flash 动画就完成了,按 Ctrl＋Enter 组合键可以预览完成的动画效果,如图 3-55 和图 3-56 所示。

⑳ 单击【文件】菜单中的【保存】命令,将文件保存为"百叶窗.fla",并导出为"百叶窗.swf"。

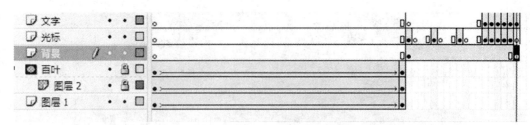

图 3-68　时间轴最终效果

思考与练习

一、单项选择题

1. Flash CS5 中的引导层分为标尺引导层和（　　），引导层的作用就是引导它下面图层中动画对象的运动。

　　A. 路径引导层　　　　　B. 普通引导层　　　　　C. 遮罩层　　　　　D. 运动引导层

2. （　　）是一种特殊的图层，其下面图层的内容就像透过一个窗口显示出来一样。

　　A. 图层　　　　　　　　B. 运动引导层　　　　　C. 遮罩层　　　　　D. 引导层

3. Flash 动画制作中补间动画分两类：一类是形状补间，用于形状的动画；另一类是（　　），用于图形及元件的动画。（　　）。

　　A. 动画补间　　　　　　B. 动作补间　　　　　C. 运动补间　　　　　D. 补间

二、填空题

1. 引导层按照功能分为两种，分别是_____和_____。

2. 图层的重命名操作类似于 Windows 资源管理器中文件夹的重命名，可直接_____要重命名的图层后输入正确图层名称。

3. 动画是一门通过_____的记录形成一个个的画面，并通过一定的_____来播放画面的技术。

4. 时间轴是用来_____、_____整个动画在一定时间内播放的图层个数和帧的数目，时间轴主要由图层、帧和_____组成。

5. 在 Flash CS5 中，动画的基本类型包括有逐帧动画、_____、引导动画和_____。

6. 引导动画也可称为_____，在运动引导层中绘制路径，可以使运动渐变动画中的对象沿着_____运动。

三、简答题

1. 简述 Flash CS5 图层的分类。

2. 简述 Flash 动画中"遮罩"的两种主要用途。

四、操作题

　　在 Flash CS5 中创建两个图层，完成图 3-69 所示的遮罩百叶窗效果。

图 3-69　遮罩效果

第4章 元件、实例与库

 本章导读

　　元件是可以重复使用的图形、动画和按钮。Flash 中的元件一经创建即可无数次的重复使用,从而大大减小动画制作者的工作量。由于同一个元件,不论在舞台上使用了多少次,其所占空间只有一个元件大小,因而在动画制作过程中使用元件可有效减小文件和体积。当将创建好的元件由库中拖放到舞台上,便可称其为"实例"。本章主要介绍 Flash CS5 中元件、实例和库的具体使用方法。

学习目标

- 理解元件、实例与库的相关知识。
- 掌握图形元件、影片剪辑元件及按钮元件的创建与编辑相关操作。
- 了解将元素转换为元件的具体方法。
- 掌握创建与编辑实例的相关操作。
- 熟悉库面板的操作方法。

4.1 理解元件、实例与库

　　元件、实例与库是制作 Flash 动画的三大元素。元件是指一个可以重复使用的图像、动画或按钮,一共有 3 种类型:影片剪辑元件、按钮元件和图形元件。将元件拖放至工作区应用于动画的制作过程中就生成了一个实例。库是 Flash 中存放各种动画元素的场所,存放的元素可以自行创建,也可以是由外部导入的图像、声音、视频元素。一个元件允许重复创建多个实例,并且在工作区多次使用的元件不会增加文件的大小,大大节省了存储空间。了解三者之间的关系与操作,对于减小文件体积以及提高工作效率非常重要。

4.1.1 使用元件可以减小生成动画大小

　　根据以上介绍,我们已经了解使用元件可以减少生成动画的大小。下面就通过一个具体实例来验证一下。

课堂练习 4-1——使用元件减小动画大小

具体操作步骤如下。

① 单击【文件】菜单中的【新建】命令，创建新文档，并从文件菜单中选择【导入】子菜单中的【导入至舞台】命令，将位图"蝴蝶.jpg"导入至舞台。在"蝴蝶"图片上右击鼠标，在弹出的快捷菜单中选择【转换为元件】命令，使其转换为影片元件，如图 4-1 所示。

② 单击【窗口】菜单中的【库】命令，打开库面板，可以看到库面板上保存了名为"蝴蝶"的影片剪辑元件，如图 4-2 所示。

图 4-1　转换为元件　　　　　　　　　　　　图 4-2　"库"面板

③ 单击库面板中的"蝴蝶"影片剪辑元件，然后拖动鼠标将"蝴蝶"影片剪辑拖动到舞台上，形成单个"蝴蝶"实例，如图 4-3 所示。

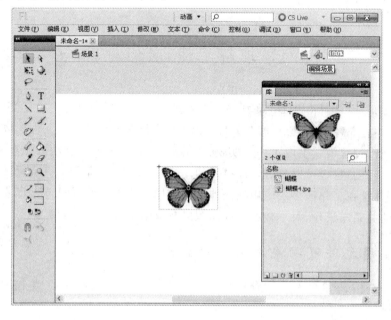

图 4-3　生成单个实例

④ 单击【文件】菜单中的【另存为】命令,将文件保存到指定文件夹下,并命名为"蝴蝶1. fla",并单击【文件】菜单中的【导出】子菜单中的【导出影片】命令,在同一文件夹下保存成文件"蝴蝶1. swf",产生只使用一次元件的 Flash 文件。

⑤ 单击库面板中的"蝴蝶"影片剪辑元件,然后拖动鼠标将"蝴蝶"影片剪辑拖动到舞台上,形成多个"蝴蝶"实例,如图 4-4 所示。

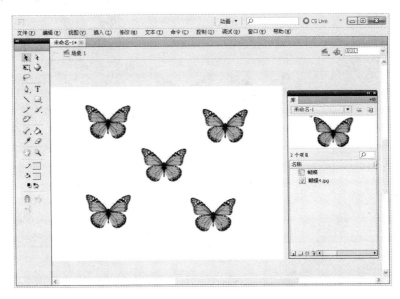

图 4-4 生成多个实例

⑥ 用同样方法,在同一文件夹下生成文件"蝴蝶2. fla"和"蝴蝶2. swf"。

这时查看两个 SWF 文件的大小,可以发现两个文件的文件大小几乎是一样的,这样我们更加明确,在文件中多次使用的对象,转换为元件后并不增加文件的大小,这一特点大大节省了空间,并提高了工作效率,这也是 Flash 动画被广泛使用的原因。

4.1.2 修改实例对元件的影响

如果修改实例,对元件又有哪些影响呢? 我们可以通过以下实例来验证一下。

🗝 课堂练习 4-2——修改实例

具体操作步骤如下。

① 在 Flash CS5 中创建一个新文档,单击【文件】菜单中的【导入】命令,将"蝴蝶.jpg"导入至舞台,并将"蝴蝶"转换为图形元件。在该文件的库面板中选中蝴蝶元件,将此元件拖动到舞台上,来回拖动两次使舞台上有两只蝴蝶元件的实例,如图 4-5 所示。

② 鼠标右键单击左上方的蝴蝶,在弹出的快捷菜单中选择"任意变形"命令,为了保持蝴蝶的同比缩放,按下 Shift 键不放,向外拖动蝴蝶 4 个角中的任何一个将蝴蝶放大。将"蝴蝶"实例放大之后,观察元件库中该"蝴蝶"图形元件,形状没有发生任何改变,如图 4-6 所示。

图 4-5　蝴蝶元件实例

图 4-6　实例的任意变形

③ 在舞台中,我们不仅可以对实例的形状进行修改,还可以对实例的透明度进行修改。单击选择右下角的蝴蝶实例,在下方的属性面板中,选择"颜色"下拉列表框中的"亮度"选项卡,在后面的方框中可直接输入数值或单击输入框后面的下拉箭头拖动滑块将 Alpha 值为 30％,如图 4-7 所示。

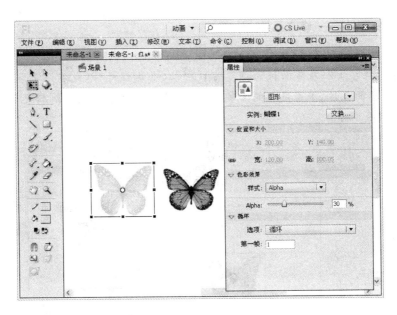

图 4-7　改变实例 Alpha 值

④ 可以看到舞台上的蝴蝶的亮度明显变暗,但在库面板中的元件并没有发生任何改变,如图 4-8 所示。

图 4-8　库面板中的元件

4.1.3　修改元件对实例的影响

如果对元件的属性进行修改,则舞台上的实例将如何变化?下面通过具体实例来说明修改元件对实例产生的影响。

课堂练习 4-3——修改元件

具体操作步骤如下。

① 接课堂练习 4-2，在库面板的预览窗口中，双击蝴蝶元件，或在库面板的元件列表框中选中想要编辑的元件，单击鼠标的右键，在弹出的快捷菜单中选择编辑元件，进入元件编辑模式，如图 4-9 所示。

图 4-9　元件编辑模式

② 用工具箱中的"选择工具"选中整个蝴蝶，然后右键单击蝴蝶，选择"任意变形"命令或在工具箱中选择"任意变形"工具，然后鼠标移动到蝴蝶的任何一角，当鼠标指针变为旋转箭头时，拖动蝴蝶进行旋转，如图 4-10 所示。

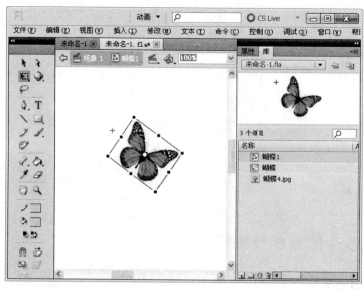

图 4-10　将元件旋转

③ 单击"场景 1",回到影片场景,可以看到与该元件相关的两个实例都已旋转了角度,如图 4-11 所示。

图 4-11　实例随元件发生变化

4.1.4　区别元件与实例

元件与实例两者既有联系又有区别。首先,实例的基本形状是由元件决定的,这就表明,实例不能脱离元件的原型而无规则地任意变化。一个元件可以有多个实例与它对应,但每个实例只能对应一个确定的元件。此外,一个元件的多个实例可以有自己的一些特有属性,如大小、颜色、透明度的不同。这使得同一元件的多个实例可以变得各不相同,展现了实例的多样性,但无论怎样变化,实例的基本形状是一致的,这一点是毋庸置疑的。元件必须要有与它对应的实例才有存在的价值,如果一个元件在动画中没有与之相联系的实例,那么,这个元件将是多余的,将失去了存在的意义。

4.2　创建与编辑元件

Flash CS5 中元件主要有三类:影片剪辑元件、按钮元件和图形元件,具体如图 4-12 所示。

提示:在选择元件类型时,要根据动画作品的需求进行判断决定将元件设置为何种类型,尤其要注意图形元件和影片剪辑的区别。下面,分别对这 3 种元件进行具体介绍。

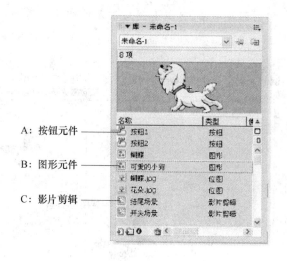

A: 按钮元件

B: 图形元件

C: 影片剪辑

图 4-12　库面板

4.2.1　创建图形元件

在 Flash CS5 中,图形元件主要用于静态图像的重复使用,或者创建与主时间轴相关联的变形动画。但是,图形元件不能提供实例名称,也不能在动作脚本中被引用。图形元件主要用于创建动画中的静态图像或动画片段。图形元件可以与主时间轴同步进行。

📖 **课堂练习 4-4——创建图形元件**

具体操作步骤如下。

① 创建新文档,选择【插入】菜单中的【新建元件】命令或按下 Ctrl＋F8 组合键,弹出"创建新元件"对话框,如图 4-13 所示。

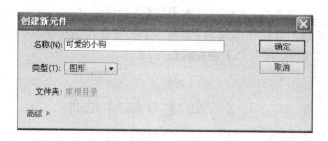

图 4-13　"创建新元件"对话框

② 在对话框中的"名称"文本框中输入元件名称,"类型"选择"图形",单击"确定"按钮,进入图形元件的编辑模式,如图 4-14 所示。

③ 在元件的编辑区域中从外部导入图像"小狗.jpg",如图 4-15 所示。

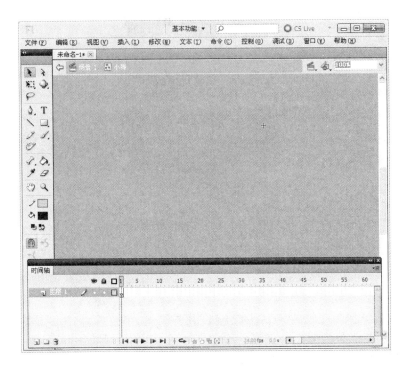

图 4-14　图形元件编辑模式

图 4-15　导入小狗图像

④ 单击文档窗口的左上角"场景1"按钮,退出元件编辑模式并返回主场景,单击【窗口】菜单中的【库】命令,打开"库"面板,在库面板中显示创建的图形元件,如图 4-16 所示。

提示:单击库面板底部的"新建元件"按钮 也可以弹出"创建新元件"对话框。单击库面板右上角上的库面板菜单按钮 ,在弹出的菜单中选择"新建元件"命令,也可以弹出"创建新建元件"对话框。

图 4-16　库面板

4.2.2　创建影片剪辑元件

影片剪辑元件可以实现重复使用动画片段。影片剪辑元件可以包含多种素材类型，例如，交互控制按钮、声音、图片和其他影片剪辑等。除此之外，还可以为影片剪辑添加动作脚本来实现交互或制作一些特殊效果。有时为了美化影片剪辑，还可以为对象添加滤镜或设置混合模式。一般情况下，影片剪辑动画是自动循环播放的，除非我们通过动作脚本对影片剪辑进行控制。

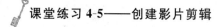
课堂练习 4-5——创建影片剪辑

具体操作步骤如下。

① 选择【插入】菜单中的【新建元件】命令，弹出"创建新元件"对话框，在对话框中的"名称"文本框中输入元件的名称，"类型"选择"影片剪辑"，如图 4-17 所示。

图 4-17　创建影片剪辑元件

② 单击"确定"按钮，进入影片剪辑元件的编辑模式，单击工具箱中的文字工具 **T**，输入内容"welcome you"，设置文本相关属性，按下两次 Ctrl＋B 组合键，将文字打散为图形，如图 4-18 所示。

图 4-18 设置文本属性

③ 单击【窗口】菜单中【时间轴】命令,打开"时间轴"面板,选中图层 1 的第 15 帧,右键单击鼠标,在弹出的快捷菜单中选择【插入关键帧】命令或按下 F6 快捷键插入关键帧,重新设置文本属性,改变填充色,如图 4-19 所示。

图 4-19 改变文本填充色

④ 将光标放置在第 1 帧和第 15 帧之间的任意一帧上,单击鼠标右键,在弹出的快捷菜单中选择"创建补间形状"动画命令,如图 4-20 所示。

⑤ 单击【窗口】菜单中的【库】命令,打开"库"面板,显示创建的影片剪辑元件,单击预览窗口中的播放按钮 ▶,可以播放影片剪辑元件,如图 4-21 所示。

图 4-20　创建补间形状动画

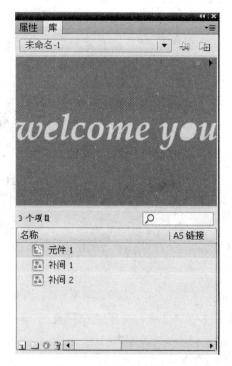

图 4-21　影片剪辑元件

4.2.3　创建按钮元件

按钮元件实质上是一个包含 4 个关键帧的交互影片剪辑。可以根据按钮的不同状态显示不同的图像、响应鼠标动作和执行指定的行为。

按钮元件的 4 种关键帧分别是：弹起帧、指针经过帧、按下帧和单击帧。具体介绍如下。

- 弹起帧：表示鼠标指针不在按钮上时的状态。
- 指针经过帧：表示鼠标指针放置在按钮上时的状态。
- 按下帧：表示鼠标单击按钮时的状态。
- 单击帧：设定对鼠标单击动作时做出反应区域。

下面通过一个具体实例来介绍按钮元件的创建过程。

课堂练习 4-6——创建按钮元件

具体操作步骤如下。

① 选择【插入】菜单中的【新建元件】命令，弹出"创建新元件"对话框，在对话框中的名称文本框中输入"按钮 1"，类型选择为"按钮"，如图 4-22 所示。

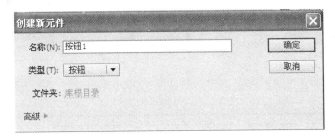

图 4-22　创建按钮元件

② 单击"确定"按钮进入按钮元件的编辑模式，如图 4-23 所示。

图 4-23　按钮元件编辑模式

③ 选中时间轴上的"弹起"帧，选择工具箱中的矩形工具 ▭，在文档中绘制一个大小合适的矩形，并在图形上输入文字"按钮"，设置矩形的填充属性和文字属性，如图 4-24 所示。

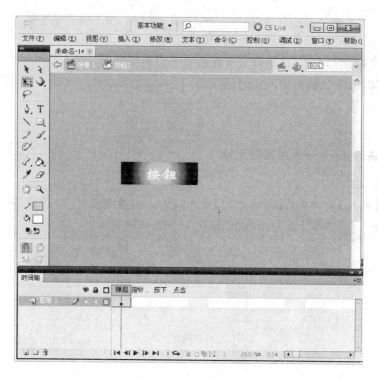

图 4-24　创建按钮

④ 选中时间轴上的"指针经过"帧,右键单击,从弹出的快捷菜单中选择"插入关键帧"或按下快捷键 F6 插入关键帧,在文档中改变图形及文字的颜色,如图 4-25 所示。

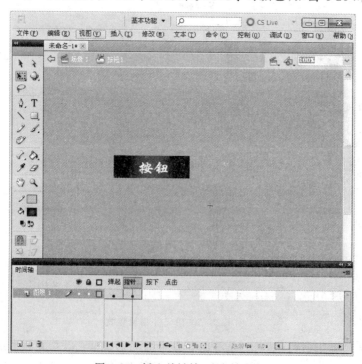

图 4-25　插入关键帧、改变填充色

⑤ 选中时间轴上的"按下"帧，按F6键或右键单击，从弹出的快捷菜单中选择"插入关键帧"，在文档中改变图形及文字的颜色，如图4-26所示。

⑥ 完成按钮元件的制作后，单击文档窗口左上角的"场景1"按钮，退出按钮元件编辑模式并返回主场景，在库面板中显示创建的按钮元件，单击预览窗口中的播放按钮，可以播放影片剪辑元件，如图4-27所示。

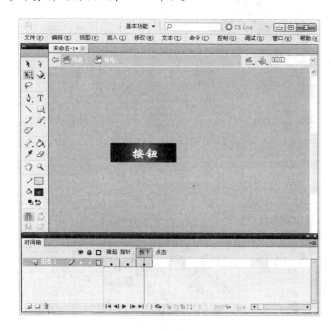

图 4-26　修改按钮颜色

图 4-27　按钮元件

4.2.4　将元素转换为元件

在制作动画的过程中，除了直接创建元件以外，还可以将舞台上的元素转换为元件。

课堂练习4-7——将元素转换为元件

具体操作步骤如下。

① 使用工具箱中的绘图工具在舞台中绘制一朵花，用选择工具选取图形对象，如图4-28所示。

② 单击【修改】菜单中的【转换为元件】命令，也可以右击鼠标，在弹出的快捷菜单中选择【转换为元件】，或者按下F8快捷键，如图4-29所示。

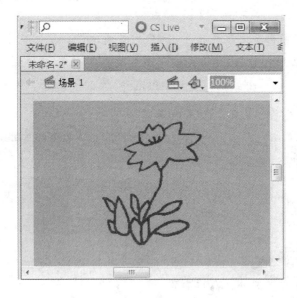

图 4-28 绘制"小花"

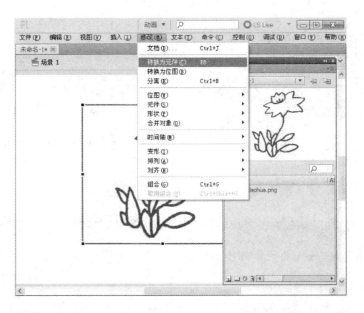

图 4-29 转换为元件

③ 在弹出的"转换为元件"对话框中,在"名称"文本框中输入元件的名称,"类型"选择"图形",把注册点设置为正中间,然后单击"确定"按钮,如图 4-30 所示。

④ 这时,舞台上的"小花"图形已经变成图形元件了,在库面板的预览窗口中可以看到名为"花朵"的图形元件,如图 4-31 所示。

图 4-31 花朵元件

图 4-30 "转换为元件"对话框

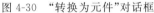

提示：不仅图形可以转换为元件，文字也可以转换为元件，在输入一段文字后，选取文字，按下 F8 快捷键将它转换为元件，其特性和其他元件特性相同。

4.2.5 编辑元件

舞台上的实例与库面板中对应的元件有一种类似于"父与子"的特殊关系。这种关系的一个优点是，如果在库面板中改变了一个元件，那么舞台上的所有实例都将更新。当我们对整个 Flash 动画做大范围的更改时，这一特性将节省大量的时间，大大提高工作效率。

进入元件编辑状态的方法有 6 种，具体如下。

① 选择【编辑】菜单中的【编辑元件】命令；

② 在舞台上的对象上单击鼠标右键，选择"编辑"命令；

③ 在舞台上的对象上单击鼠标右键，选择"在当前位置编辑"命令；

④ 在舞台上的对象上单击鼠标右键，选择"在新窗口中编辑"命令；

⑤ 在库面板中选中元件，然后选择右上角【选项】菜单中的【编辑】命令；

⑥ 在库面板中元件上单击鼠标右键，选择"编辑"命令。

下面通过实例来具体讲解一下如何编辑元件。

课堂练习 4-8——编辑元件

具体操作步骤如下。

① 新建 Flash 文档，单击【文件】菜单中【导入】命令，将"小狗"图片导入至舞台，并将其转换为图形元件"可爱的小狗"。在库面板中，鼠标右击名为"可爱的小狗"的图形元件，在弹出的快捷菜单中选择"编辑"，如图 4-32 所示。

② 在编辑元件时，就像在舞台上编辑对象一样操作，可以改变元件形状、颜色等，也可

以使用各种绘图工具绘制图形,或导入外部素材。这里,我们给小狗填充色彩,如图 4-33 所示。

③ 完成元件的编辑后,单击舞台左上方的"场景一"按钮回到主场景。

图 4-32 编辑元件

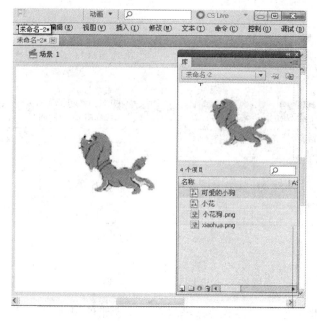

图 4-33 给小狗填充色彩

提示: 如果在原工作区域编辑元件,舞台上其他对象都将变为灰色,不可以被编辑。而且,在该元件编辑状态中,编辑内容所在的位置与元件在舞台上的位置相同,这样有利于该元件的定位操作。在舞台上进行元件编辑和实例编辑时,界面非常相似,不同的是进行元件编辑时其他对象是灰色的,进行实例编辑时其他对象不发生变化。所以在舞台上编辑时,一定要注意区分是对元件进行编辑,还是对实例进行编辑,以防误操作。

4.3 创建与编辑实例

在前面的章节中,我们已经清楚了解到,当我们将元件从库面板中拖放至舞台上,就形成了该元件的一个实例,实例是动画组成的基础。实例可以进行选取、移动、复制、删除、旋转、缩放、拉伸、并组、排列、打散、改变引用对象等各种操作。

4.3.1 创建实例

在课堂练习 4-8 的库面板中,将"小狗"元件拖放至舞台上,这样就创建了一个实例。使用同样的方法,继续将元件拖放至舞台,创建第二个实例,如图 4-34 所示。

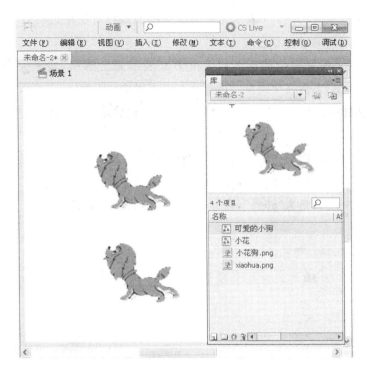

图 4-34 创建"小狗"实例

4.3.2 改变与设置实例

每个实例都有自己的属性,这些属性相对于元件来说是相对独立的。因此,我们可以改变实例的颜色、亮度、透明度,也可以对实例进行缩放、旋转、扭曲等操作,还可以改变实例的类型和动画的播放模式,所有这些操作都不会影响元件和其他同元件产生的实例。

1. 改变实例的色彩效果

根据上面的实例,选择舞台上的小狗,单击【窗口】菜单中的【属性】命令,打开属性面板,可以设置实例的样式,如图 4-35 所示。

实例样式属性包括 5 个选项,具体名称和含义如下。

① 无:不添加任何样式的效果。

② 亮度:用于调整实例的亮度,亮度值可以设置为 100%~−100% 的百分数。该值为 0 时,实例的亮度为本身的亮度值。该值为 100% 时,实例的亮度最高,为白色。该值为 −100% 时,实例的亮度最低,为黑色。

③ 色调:用于选择一种颜色对实例进行着色。可用颜色拾取器,也可以直接输入 RGB 值。着色程度为 0~100% 的百分数,这个百分数表示在实

图 4-35 设置实例亮度

例中"掺"入选取颜色的比例。0 表示完全不用选择的颜色对实例进行着色。100％表示完全用选择的颜色对实例进行着色。

④ Alpha：用于设置实例的透明度。值为 0 表示完全透明，实例完全不可见。值为 100％时完全不透明，实例完全可见。可直接在文本框中输入数字，也可以用滑块来调节。

⑤ 高级：选择高级时，可以在一个面板上同时更精确地调节色调和透明度的百分比和偏移值。

假如我们要设置实例的亮度，选择好实例后，在属性面板中，单击样式中"亮度"选项，在它后面会出现一个调整具体输入数值的文本框和一个下拉三角（即滑块）。可以通过拖动下拉三角的滑块将亮度调整为"60％"，调整后实例效果如图 4-36 所示。

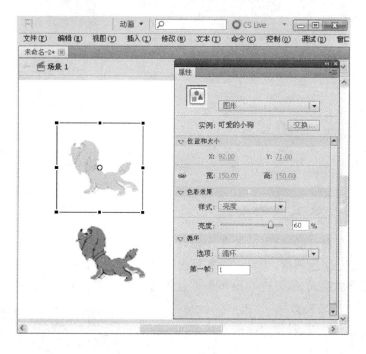

图 4-36　调整亮度为"60％"

如果想恢复到原来的状态，可以在"颜色"列表框中选择"无"。除了调节亮度外，还可以在颜色列表框中选择其他选项，进行其他属性的调节。

2. 实例的变形

如果要改变舞台中实例的形状，可以先选中对象，然后右击鼠标，在弹出的快捷菜单中选择【任意变形】命令，实现对象的缩放、扭曲、旋转等各种变形操作。关于工具箱中"任意变形"工具的用法在前面的章节中我们已经做了详细介绍，现在可以试验一下实例变形效果，如图 4-37 所示。

图 4-37 实例的变形操作

4.3.3 实例的分离

一般情况下,对实例进行编辑就可以达到大部分所需要的效果。但有时候要对实例的局部做一些调整,而不是对实例进行整体改变。用修改菜单下的"分离"命令可以分离实例与元件的联系,把实例还原为原始的形状和线条的组合。

根据上面的实例,选择舞台中的"小狗",然后连续两次执行【修改】菜单中的【分离】命令或者两次按下 Ctrl+B 组合键,将实例分离为图像。

在这里执行两次分离的含义是:第一次分离将实例与元件进行分离,其实这次分离后,实例已经脱离和元件的联系,如果再次对元件进行修改时,刚才被分离的那个实例已经不再随元件而发生变化;第二次分离是将这个实例的组合属性进行分离,分离为轮廓和填充的图形对象。

将"小狗"实例分离为图形后,改变图形填充颜色,调整后的效果如图 4-38 所示。

提示:实例被分离后就可以通过绘图工具对各个图形元素进行编辑了。实例分离后不会再影响到元件及其由此元件产生的实例。不过,在此之后对元件所做的各种修改也不会再对该图形起作用,因为它们之间已经没有任何联系了。

图 4-38　实例分离

4.4　库面板

库面板用于存储和管理在 Flash CS5 中创建的各种元件和从外部导入的各种对象。库面板中除了包括我们自己创建的元件,还包括从外部导入的各种位图图像、声音文件和视频剪辑等。每种媒体都有与之对应的图标,所以比较轻松地就能识别出不同的库资源。

4.4.1　库面板介绍

为了更全面地了解库面板的组成部分,我们先把库面板单独显示出来。如果库面板在工作区中没有显示出来,可以通过【窗口】菜单中的【库】命令,在工作区的右侧显示库面板,然后单击库面板右上方的新建库面板按钮◨将库面板单独显示出来,如图 4-39 所示。

为更好地查看库对象,可以将库面板拖动至场景中间。鼠标单击库面板右侧拖动条上面的库视图按钮◻,可以显示库面板中的元件的名称、AS 链接、使用次数、修改日期、类型等信息。

1. 对象预览窗口

当在库面板中选中一个对象时,在对象预览窗口显示的是此对象的缩略图预览。如果此对象是影片剪辑或音频,则在预览窗口的右上方会出现播放 ▶ 和停止 ▪ 按钮,可以对影片剪辑或音频在预览窗口中进行播放和停止。

2. 分类和排序

库资源的分类和排序依据有 5 种,具体含义如下。

图 4-39　库面板

① 名称：元件的名称，如果单击名称，所有的元件会按照元件名开头字母的顺序进行排列，再单击一次，会按照字母顺序倒叙排列。

② 类型：元件的种类，包括图形、按钮、影片剪辑、位图、声音等，如果单击类型，对象会按照类型进行排序。

③ 使用次数：元件在影片中的使用次数。

④ AS 连接：元件可以被其他影片调用。

⑤ 修改日期：显示为对象的最后修改日期。

3．库菜单

单击库菜单按钮 ，会显示和库相关的各项操作命令。虽然包含的命令繁多，但各项命令在使用上还是比较简单的。

4．固定当前库

单击固定当前库按钮 ，当前库被锁定，当在多个文档之间切换时，固定后的库面板不会随文档的改变而改变。

5．新建库面板

单击新建库面板按钮 ，会弹出一个新的库面板，在多个库切换列表中可以选择不同文档的库，方便各库之间素材的复制。

6．快捷按钮

快捷按钮有如下 4 个。

① 新建元件按钮 ：单击此按钮可快速创建新元件。

② 新建文件夹按钮 ：创建一个管理元件的文件夹，当库中的元件较多时，可以利用文件夹管理库中的元件。

③ 元件属性按钮 ：单击此按钮会显示元件的属性等信息，可以在"元件属性"对话框中对元件的属性进行修改。

④ 删除按钮 ：可以删除库面板中的元件或文件夹。

4.4.2 引用公共库元件

在制作 Flash 动画的过程中,每个动画都可以引用软件自带的公共库,不仅如此,在 Flash 中还可以引用其他文件的库,这样在制作完成一个 Flash 影片时,如果在另一个影片中需要其中的某个元件,我们就不需要重新制作,只需把上个影片的库打开复制过来就可以了,这样极大地方便了不同文件之间元件的相互引用。

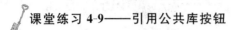 课堂练习 4-9——引用公共库按钮

具体操作步骤如下。

① 新建一个 Flash 文档,可以看到库面板是空的。选择【窗口】菜单中的【公共库】中的【按钮】,可以打开公共库的"按钮"面板。

② 在库面中,双击某个文件夹,可以展开这个文件夹下的所有元件,如果选取其中的某一个,可以进行预览,如图 4-40 所示。

③ 拖动该元件到舞台上,就可以使用这个元件。实际上在将这个元件拖到舞台的同时,是把这个元件复制了一份到当前文件的库面板中,如图 4-41 所示。

图 4-40 公共库   图 4-41 引用公共库按钮元件

④ 在 Flash CS5 中,还可以引用其他文件的库,例如,在当前文件中如果我们想使用另一个文件中的库,可以通过【文件】菜单中的【导入】子菜单中【打开外部库】命令,在弹出的对话框中选择要打开的库所在的文件,如"111. fla",如图 4-42 所示。

⑤ 这时,我们看到在新建的 Flash 文档中又多了一个库面板,当把其中的某个元件拖动到舞台上,这个元件也同时被复制到了当前 Flash 文档的库中,如图 4-43 所示。

图 4-42 打开文件

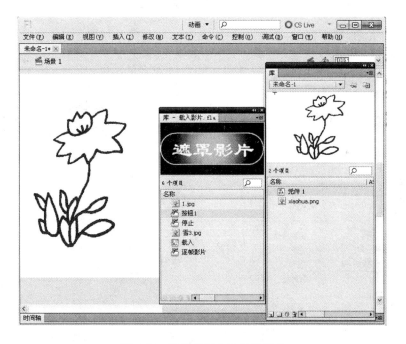

图 4-43 使用外部文件的库元件

提示：当我们导入一个文件的库时，如果外部库中的元件和当前文件中的库元件有同名现象，这时如果我们把这个元件拖放至舞台时，系统会出现弹出提示对话框，如图 4-44 所示。

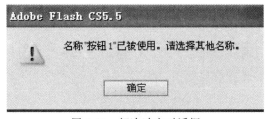

图 4-44 解决冲突对话框

一般情况下我们会选择前者,然后,对外部库中的元件进行重命名,再重新将这个元件拖到舞台上。

4.4.3 通过库文件夹管理对象

当我们制作大型 Flash 动画时,往往会用到大量的元件,当用到某个元件时,查找起来比较麻烦,而且容易出错。Flash 提供了库文件夹,可以把元件分别放入不同的库文件夹中,方便元件的查找和管理。

① 当打开一个已经完成的动画作品时,我们可以看到库面板中有多个元件,为了使用方便,我们可以将这些元件分为:"演员"和"舞台背景"两大类,并创建两个库文件夹,如图 4-45 所示。

② 两个库文件夹建立完成后,就可以将对象合理分类了。例如,第一个元件"小狗"是属于演员文件夹,我们直接把它拖动到"演员"文件夹,如图 4-46 所示,拖动完毕后,它就会存放在"演员"文件夹中了。

图 4-45 创建库文件夹   图 4-46 将元件放至库文件夹

③ 具体操作和 Windows 文件夹操作类似,可以按下 Ctrl 键不放,然后选择多个元件,把它们一起拖放至库文件夹中。用同样的方法把其余对象拖动至"舞台背景"文件夹中,此时库面板中只有两个文件夹,如图 4-47 所示。

④ 双击文件夹可以展开,显示出此文件夹下的所有对象,分别对这两个文件夹双击,查看展开后的效果,如图 4-48 所示。

注意:如果影片中还有视频或音频元件,还可以建立视频音频文件夹。这样即使有很多对象,只要将它们进行合理的分类,当我们需要用某个元件时只需要打开它所在的文件夹,把它应用到舞台上即可。

图 4-47 拖动元件至库文件夹

图 4-48 展开库文件夹

4.5 导入外部文件

在制作复杂的 Flash 动画的过程中,我们经常用到大量的动画素材,这些素材主要包括:图像、音频和视频等。仅仅使用 Flash CS5 自带的绘图工具制作是远远不够的,也会占用较多的工作时间。在此,Flash CS5 为我们提供了强大的导入功能,可以非常方便地导入其他软件制作的各种类型的文件。

4.5.1 导入图像

在 Flash CS5 中,我们可以从外部导入各种位图和矢量图。图像导入到 Flash 文档中的方法有 3 种:直接导入舞台、导入到库、通过剪贴板直接复制外部图像编辑软件中的图片。无论是通过哪种方式导入的图像,都会自动添加到该文档的库中。

1. 导入序列图像

当导入图像时,如果导入的文件名是以图像序列中的某一个数字结尾,而且该序列中的文件位于相同的文件夹中,这时 Flash CS5 就会自动将图像识别为图像序列,并弹出如图 4-49所示对话框,提示是否导入图像序列。如果单击"是"按钮,Flash 将导入该图像序列的所有图片,如果单击"否",则只导入指定图片。在前面的章节中,我们已经多次操作了图像文件的导入,具体操作步骤不再赘述。

图 4-49 导入序列图像对话框

2. 通过剪贴板复制图像

除了通过【文件】菜单中的【导入】命令导入图像,也可以通过剪贴板将图像复制到 Flash 文档中,具体操作步骤如下。

① 在画图工具或其他图像编辑软件中打开要导入的图像文件,利用自带的选择工具选取图像,右击鼠标,在弹出的快捷菜单中选择"复制"命令,复制图像,如图 4-50 所示。

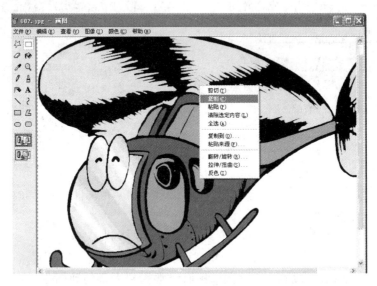

图 4-50　复制图像

② 在 Flash CS5 中新建文档,在空白区域右击鼠标,在弹出的快捷菜单中选择"粘贴"命令,将图像粘贴到 Flash 文档中,如图 4-51 所示。

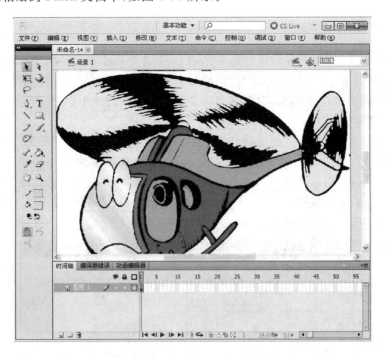

图 4-51　粘贴图像到 Flash 文档中

4.5.2　导入声音

优秀的 Flash 动画作品只有画面是远远不够的,最好再为其添加适当的声音。Flash 提供了强大的声音功能,使用户可以从外界导入声音,并将导入的声音添加到文件中。添加后的声音可以独立播放,也可以和动画同步播放。声音文件是设计过程中必不可少的内容之一。音频文件种类繁多,但是在 Flash CS5 中能够直接引用的只有 WAV 和 MP3 两种音频格式的文件。

WAV 文件和 MP3 文件具体特点介绍如下。

① WAV:该格式文件直接保存对声音波形的采用数据,没有经过压缩,音质较好,因此在 Windows 系统中使用频率较高。由于 WAV 文件没有被压缩,所以体积较大,占用较大的磁盘空间,这是它的缺点。任何一个 WAV 文件都可以被导入到 Flash 文档中。

② MP3:该类型文件是大家非常熟悉的,也是在网络上最流行的音乐格式之一。MP3 文件除了具有类似于 CD 的俱佳音质外,最大的优点就是它的大小只占 WAV 文件的 1/10,占用较少的磁盘空间。

1. 声音文件的导入

导入声音文件之前,要先下载 WAV 和 MP3 格式文件并保存到指定文件夹中。下面通过举例说明声音文件的导入过程。

课堂练习 4-10——导入声音文件

具体操作步骤如下。

① 新建 Flash 文档,选择【文件】菜单中【导入】子菜单中【导入到库】命令,弹出导入对话框,如图 4-52 所示。

② 选择要导入的声音文件,单击"打开"按钮,将文件导入到库面板中。单击【窗口】菜单的【库】命令,打开"库"面板,如图 4-53 所示。

图 4-52　导入声音文件　　　　　　　图 4-53　库面板

③ 在"图层 1"上右击鼠标,在弹出的快捷菜单中,选择【插入图层】命令,插入"图层 2"。单击"图层 2"的第 1 帧,将声音文件拖放至舞台。这时,我们在舞台中什么也看不到,但是

123

在"图层 2"中出现了声音波形,如图 4-54 所示。

图 4-54　将声音文件拖放至舞台

提示:在导入声音文件时,如果发现个别 MP3 文件无法顺利导入到"库"面板中,弹出如图 4-55 所示对话框,这时需要使用文件转换软件将 MP3 文件转换成 WAV 文件,然后就可以顺利导入到"库"面板中了。

图 4-55　不能导入 MP3 文件

2. 声音的属性设置

在 Flash CS5 中,可以对导入的声音文件进行编辑、剪裁、改变音量等操作,也可以进行各种声效设置。

(1) 声音的重复播放

在"声音"属性面板中,可以设置声音播放控制,包括两个选项,分别是重复和循环,如图 4-56 所示。

- "重复":单个声音文件可以设置重复播放若干次,默认为 1 次。
- "循环":声音文件可以不停的循环播放。

图 4-56　声音文件播放控制

（2）声音的同步方式

声音的同步是指影片和声音文件的配合方式。用来设置声音是自行播放还是同步播放。在同步下拉列表框中有 4 种方式，如图 4-57 所示。

- "事件"：只有等声音文件全部下载完毕后才能播放动画。
- "开始"：如果舞台中选择的声音文件已在时间轴其他位置播放过，则不再播放。
- "停止"：停止正在播放的声音文件。
- "数据流"：动画和声音同步播放。

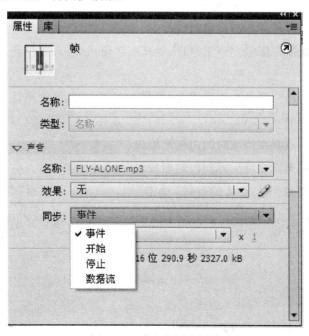

图 4-57　声音的同步播放

（3）声音的播放效果

同一个声音文件在舞台中可以设置不同的播放效果，在声音属性面板"效果"下拉列表中提供了多种声音播放效果，可以进行声音效果设置，如图 4-58 所示。

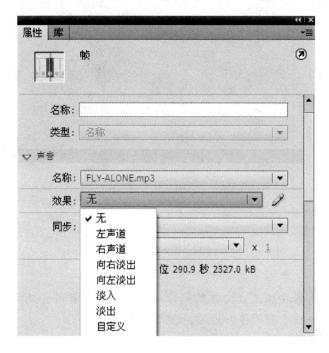

图 4-58　声音播放效果设置

- "无"：不设置任何声道效果。
- "左声道"：设置声音在左声道播放。
- "右声道"：设置声音在右声道播放。
- "从左到右淡出"：降低左声道声音，提高右声道声音，设置声音从左声道到右声道过渡播放。
- "从右到左淡出"：降低右声道声音，提高左声道声音，设置声音从右声道到左声道过渡播放。
- "淡入"：设置声音在持续时间内逐渐增强。
- "淡出"：设置声音在持续时间内逐渐减弱。
- "自定义"：创建个人定义的音效，单击"自定义"命令弹出"编辑封套"对话框，如图 4-59 所示。

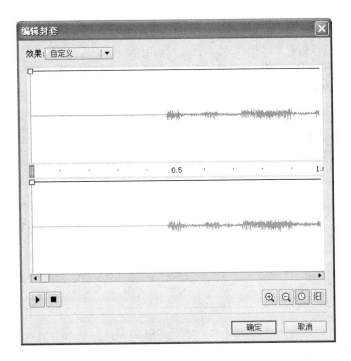

图 4-59 "编辑封套"对话框

4.5.3 导入视频

在 Flash CS5 中,除了可以导入各种类型的图像文件、声音文件,为了丰富动画内容,还可以导入视频文件。

1. Flash CS5 支持的视频文件格式

如果在计算机上安装了 QuickTime 4 以上的版本或者 DirectX7 以上版本,则可以导入汇总类型的视频文件,主要包括 5 种类型的文件:QuickTime 影片文件(* . mov)、Windows 视频文件(* . avi)、MPEG 影片文件(* . mpge 或 * . mpg)、Windows Media 文件(* . wmv)、Macromedia Flash 视频文件(* . flv)。Macromedia Flash 视频文件(* . flv)是 Flash 自带视频文件格式,是任何版本都能成功导入并顺利播放的视频文件类型。

2. 视频文件的导入

下面,举例说明视频文件的导入过程。

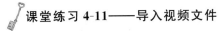 **课堂练习 4-11——导入视频文件**

具体操作步骤如下。

① 在 Flash 中创建新文档,单击【文件】菜单,【导入】子菜单中的【导入视频】命令,弹出如图 4-60 所示对话框。

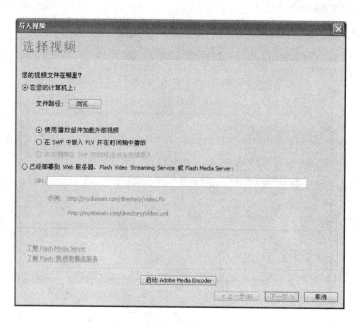

图 4-60　"导入视频"对话框

② 单击 [浏览...] 按钮，选择要导入的视频文件，单击"下一步"按钮，设定视频播放文件的外观。视频文件的外观决定了播放控件的外观和位置，如图 4-61 所示。

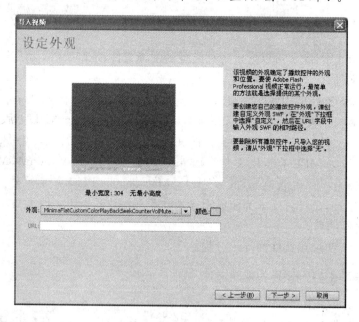

图 4-61　设置播放外观

③ 在该对话框中，可以选择某个外观，也可以创建自定义外观 SWF，还可以设置播放按钮的颜色，如图 4-62 所示。

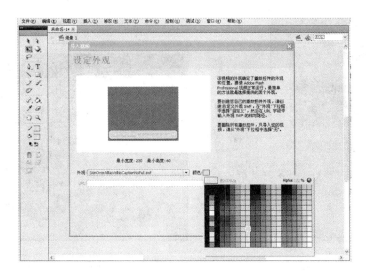

图 4-62 设置播放条颜色

④ 单击"下一步"按钮,弹出"完成"对话框,显示视频文件位置和名称等信息,如图 4-63 所示。

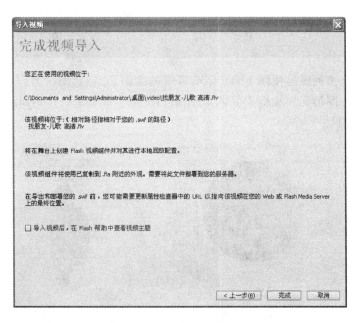

图 4-63 视频导入完成对话框

⑤ 单击"完成"按钮完成视频文件的导入,单击【窗口】菜单的【库】命令,打开"库"面板,查看导入的视频文件,如图 4-64 所示。

⑥ 将视频文件拖放至舞台,调整文档属性,设置舞台大小合适,按下 Ctrl＋Enter 组合键测试影片,如图 4-65 所示。

图 4-64　"库"面板

图 4-65　测试影片

⑦ 单击【文件】菜单的【另存为】命令,将文件保存为"幼儿.fla",同时,将文件导出为影片文件"幼儿.swf"。

4.6　综合应用实例——制作 Flash 生日贺卡

设计思想:该实例通过使用 Flash CS5 自带的绘图工具,绘制生日贺卡,结合本章创建元件的知识,创建图形元件和影片剪辑元件,最后完成生日贺卡制作。如图 4-66 所示。

具体步骤如下。

图 4-66　生日贺卡

① 在 Flash CS5 中,单击【文件】菜单中的【新建】命令,创建一个新文档,单击【修改】中的【文档】命令,修改文档属性,如图 4-67 所示。

② 在"文档属性"对话框中设置尺寸为 400×300,背景色为紫色,单击"确定"按钮,如图 4-68 所示。

图 4-67　打开"修改"菜单

图 4-68　设置文档属性

③ 双击时间轴中的"图层 1"；将其命名为"背景层"；将笔触颜色设置为"红色"，笔触高度为"1"，填充色设置为"粉色"，如图 4-69 所示。用矩形工具在舞台上绘制一个任意大小的矩形，如图 4-70 所示。

图 4-69　设置绘图工具属性　　　　　图 4-70　绘制矩形

④ 然后用"任意变形工具"调整其大小与舞台一样大小，单击"背景层"后面的锁定按钮，将该图层锁定。

⑤ 选中"背景层"，单击时间轴上的添加新图层按钮，添加一个图层，然后双击该图层，将其命名为"内容层"，该图层的设置主要为了创建"生日贺卡"中所需的元件。

⑥ 绘制"圆形"，将笔触颜色设为"红色"，笔触高度设为"1"，如图 4-71 所示，然后用工具栏中的"铅笔工具"直接绘制一个圆形，绘制好后的圆形轮廓如图 4-72 所示。

图 4-71　设置笔触属性

图 4-72　绘制圆形轮廓

⑦ 从颜色框中选择左下角的"线性渐变颜色"按钮，如图 4-73 所示，再选用【工具栏】中的"颜料桶工具"，即 图标；用它对舞台上面的圆形进行填充；填充红色线性渐变色后的效果如图 4-74 所示。

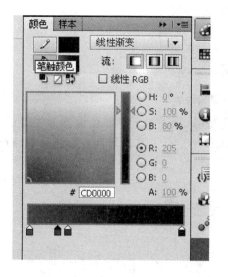

图 4-73　设置"线性渐变"

图 4-74　填充圆形

⑧ 选中图 4-74 中的圆形，右击鼠标，在弹出的快捷菜单中选择【转换为元件】命令或按下快捷键 F8 键，弹出"转换为元件"对话框；名称中输入"圆形"，类型为"图形"，如图 4-75 所示。

图 4-75　转换为图形元件

⑨ 单击"确定"按钮,选中"圆形"图形元件;再次按下 F8 键打开"转换为元件"对话框;名称中输入"圆影片",单击"影片剪辑"单选项,单击"确定"按钮,如图 4-76 所示。

图 4-76　转换为影片剪辑

⑩ 双击"圆影片"影片剪辑进入编辑状态,选中第 15 帧,按 F6 键插入"关键帧",如图 4-77 所示。

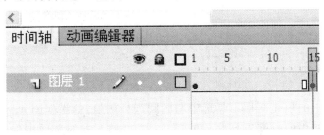

图 4-77　插入关键帧

⑪ 选中第 15 帧中的"圆影片";单击【工具栏】中的"任意变形工具",按住键盘上面的 Shift 键不放,将鼠标箭头放到最上面 3 个控制柄中的最右边的一个小黑方块上面,当箭头形状变为"╱"时向内拖动,这样就能将整个心图形沿中心小圆点等比例缩小,更改前后效果如图 4-78 和图 4-79 所示。

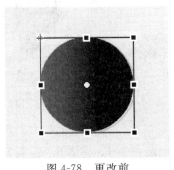

图 4-78　更改前

图 4-79　更改后

⑫ 选中第 1 帧,右击鼠标,在弹出的快捷菜单中单击"创建补间形状"命令,这样就创建了一段圆形由大变小的动画片段。"圆影片"编辑区的时间轴如图 4-80 所示。

⑬ 单击"场景 1"按钮返回到主场景的舞台上面,按 Ctrl + Enter 组合键测试一下该影片的实际效果。最后将"心影片"影片剪辑从舞台上面删除掉。

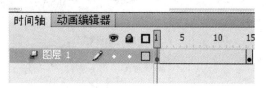

图 4-80 "圆影片"时间轴

⑭ 选中"内容层"的第 1 帧,将笔触颜色设为"玫红色",笔触高度设为"1",并将填充色设置为"无";选用【工具栏】中的椭圆工具,在舞台上面随意绘制两个像气球形状的椭圆,如图 4-81 所示。

⑮ 单击【工具箱】中的填充色按钮，从弹出的颜色框中选择红黑放射性渐变色,然后用颜料桶工具对左椭圆进行填充;再单击一下工具栏中的填充色,从弹出的颜色框中选择蓝黑放射性渐变色,然后用颜料桶工具对右椭圆进行填充,如图 4-82 所示。

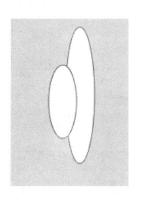

图 4-81 绘制椭圆

图 4-82 设置笔触和填充色

⑯ 用工具栏中的填充变形工具选中左椭圆进行调整,效果如图 4-83 所示。

⑰ 选用工具栏中的铅笔工具 ，单击【工具箱】最下方的选项中的 ，从弹出的快捷菜单中选择"平滑"命令,即变为" "形状,最后,为两个气球绘制两条线,如图 4-84 所示。

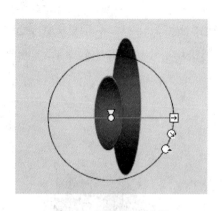

图 4-83 设置填充变形

图 4-84 绘制曲线

⑱ 选中图 4-84 中的两个气球图形,右击鼠标或按下 F8 键弹出"转换为元件"对话框,

名称中输入"气球",设置类型为"图形",单击"确定"按钮,如图 4-85 所示。

图 4-85 转换为图形元件

⑲ 选择椭圆工具 ◎,将笔触颜色设置为"玫红色",笔触高度设为"1",填充色设为无,如图 4-86 所示。

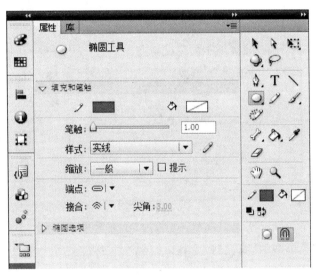

图 4-86 设置绘图属性

⑳ 在舞台上绘制大小不一的 3 个椭圆,当做"生日蛋糕"的顶和底,如图 4-87 所示。

㉑ 单击直线工具 ＼,绘制两条斜线,并删除图中多余的框线,如图 4-88 所示。

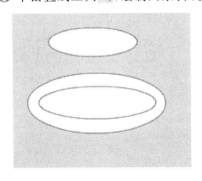

图 4-87 绘制椭圆

图 4-88 绘制斜线

㉒ 选择【工具箱】中的铅笔工具 ✐,并选择下方的"平滑"选项 S.,选择颜料桶工具 ◇,设置填充色和笔触颜色(如图 4-89 所示),在蛋糕上绘制曲线并填充颜色,如图 4-90 所示。

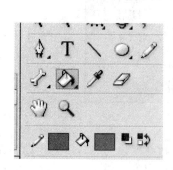

图 4-89 设置笔触和填充色

图 4-90 给蛋糕填色

㉓ 选中图 4-90 中的全部图形,按 Ctrl＋G 组合键将图形组合,再按下快捷键 F8 打开"转换为元件"对话框,名称中输入"蛋糕",类型设置为"图形",单击"确定"按钮,如图 4-91 所示。

图 4-91 转换为元件

㉔ 删除舞台中的图形,选中时间轴"内容层"图层的第 1 帧,单击【工具箱】中的矩形工具▢,单击【窗口】菜单中的【属性】命令,打开"属性"面板,设置边角半径为"6",单击"确定"按钮,如图 4-92 所示。

图 4-92 矩形属性设置

㉕ 在【属性】面板中，设置填充色为"无"，选择笔触颜色为"玫红色"，在场景中的空白位置按住鼠标左键不放向右下方拖动，绘制出一个无填充色的长方形圆角矩形，如图 4-93 所示。

㉖ 选择椭圆工具 ◎，在图 4-93 中绘制一个小椭圆作为"火苗"，如图 4-94 所示。

图 4-93 绘制矩形 　　　　　　　　　图 4-94 绘制火苗

㉗ 选择【工具箱】中的颜料桶工具 ◇，设置填充色对"烛身"进行填充，再设置填充色为"黄色"，对火苗进行填充，如图 4-95 和图 4-96 所示。

图 4-95 填充烛身 　　　　　　　　　图 4-96 填充火苗

㉘ 选中全部图形，按 F8 键打开"转换为元件"对话框，名称中输入"蜡烛"，类型设置为"图形"，单击"确定"按钮，如图 4-97 所示。

图 4-97 转换为蜡烛元件

㉙ 选中"内容层"的第 1 帧，按 Ctrl＋L 组合键打开库面板，如图 4-98 所示。

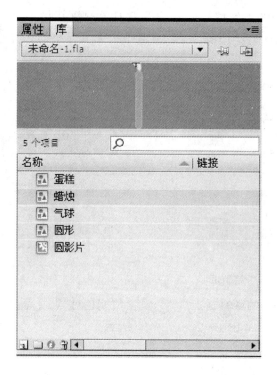

图 4-98　库面板

　　㉚ 首先将"圆影片"拖放到舞台上,然后执行【窗口】中【对齐】命令打开"对齐"面板,如图 4-99 所示。

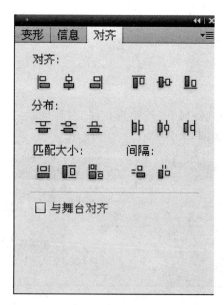

图 4-99　对齐面板

　　㉛ 先选中"与舞台对齐",再依次单击对齐项中的"垂直中齐"和"水平中齐"两个按钮。

　　㉜ 将"蛋糕"图形元件拖放至舞台上,打开"对齐"面板,利用任意变形工具调整"圆影片"和"蛋糕"元件的大小和位置,并将"蜡烛"图形元件拖放至蛋糕上,适当缩放该元件的大

小，如图 4-100 所示。

㉝ 选中图 4-100 中的"蜡烛"实例，按住 Alt 键的同时向右拖动，复制一根新蜡烛，用同样方法，共复制四根蜡烛，并调整它们的位置，如图 4-101 所示。

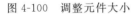
图 4-100　调整元件大小

图 4-101　复制蜡烛实例

㉞ 从库面板中将"气球"图形元件拖放至舞台右边的位置，如图 4-102 所示。

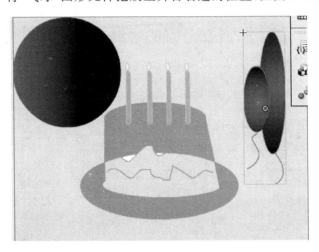
图 4-102　拖放气球元件

㉟ 用选择工具选中"内容层"，单击锁定按钮将该图层锁定，如图 4-103 所示。

㊱ 单击添加新图层按钮 ，新添加一个"图层 3"。双击"图层 3"，将其命名为"文字层"，如图 4-104 所示。

图 4-103　锁定图层

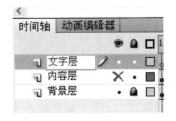
图 4-104　新建"文字层"

㊲ 选中"文字层"的第 1 帧;选用【工具箱】中的文本工具 **T**,打开属性面板,设置"静态文本",字体为"楷体",大小为"26 点",颜色为"紫色",如图 4-105 所示。

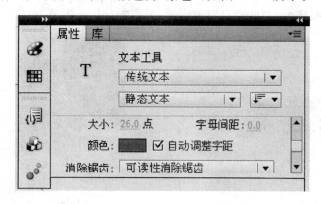

图 4-105　设置文字属性

㊳ 在舞台上方输入"生日贺卡"文本信息。选中第 5 帧,按 F6 键插入关键帧,选中该文本,按 F8 键打开"转换为元件"对话框,名称中输入"生日",单击"影片剪辑"单选项,单击"确定"按钮,如图 4-106 所示。

图 4-106　转换为影片剪辑

㊴ 在"生日"影片剪辑的编辑区,选中第 5 帧的"生日贺卡"文本,按 Ctrl＋B 组合键两次打散文本。

㊵ 选中第 1 帧和第 5 帧之间的任一帧,右击鼠标,在弹出的快捷菜单中单击"创建形状补间"动画,形成文字变换动画效果。

㊶ 单击【文件】菜单的【另存为】命令,将文件保存为"生日贺卡.fla",再将文件导出为"生日贺卡.swf"影片,按 Ctrl＋Enter 组合键查看影片测试效果,见图 4-66。

思 考 与 练 习

一、单项选择题

1. 选择"绘图"工具栏中"线条"工具,按住 Shift 键绘制,可以绘制水平或垂直方向直线,也可以绘制以( )为角度增量倍数的直线。

　　A. 45°　　　　　　　B. 30°　　　　　　　C. 15°　　　　　　　D. 60°

2. 在 Flash CS5 中,( )元件是与影片的时间轴同步运行的。

A. 影片剪辑   B. 按钮   C. 图形   D. 字形

3. 在按钮元件的 4 个帧状态下,( )帧是定义鼠标响应区域。

A. 弹起   B. 按下   C. 指针经过   D. 单击

二、填空题

1. "创建元件"对话框中可以设置的元件类型有_____、_____、_____。

2. 按_____键可以打开"创建新元件"对话框。

3. 如果要在一段完整的动画内表现物体效果时,应插入_____元件。

4. _____元件主要用于静态图像的重复使用,或者创建与主时间轴相关联的变形动画。

5. 按钮元件的点击帧指的是_____。

6. 将元素转换为元件之前,应该先_____。

7. 单击_____菜单中的【转换为元件】命令,可以将元素转换为元件。

8. 可以改变实例的颜色、亮度、_____,也可以对实例进行缩放、旋转、扭曲等操作。

三、操作题

利用本章学习的元件、实例等相关知识,制作出如图 4-107 所示鱼儿游泳的动画。

图 4-107　鱼儿游泳效果图

第 5 章　ActionScript 脚本动画设计

 本章导读

Flash 动画不仅可以通过调整时间轴中关键帧的顺序调整动画的播放顺序,也可以通过书写 ActionScript 3.0 脚本语言实现动画的交互控制。ActionScript 是 Flash 动画设计中的一种高级技术,也是一种编程语言,类似于我们学习的其他高级语言,如 C 程序设计语言等高级语言。如果熟练掌握了本章内容,就可以设计出更加完美的 Flash 动画作品。本章就将详细讲述 ActionScript 脚本语言的基本概念和使用方法。下面,就来感受一下脚本的超强魅力吧!

学习目标

- 了解 ActionScript 的基本概念和基本功能。
- 会通过动作面板为对象添加各种动作。
- 掌握 ActionScript 的基本语法和基本流程控制语句。
- 了解类的概念、类属性和类方法。
- 掌握常用的交互控制语句,会将交互式控制应用在 Flash 动画中,实现动画的交互控制。

5.1　ActionScript 3.0 概述

ActionScript 3.0 是 Flash CS5 提供的一种功能强大的面向对象的动作脚本语言,它是实现 Flash 动画强大交互性的重要组成部分。使用 ActionScript 3.0 语言为 Flash 动画编程,可以实现 Flash 动画中内容与内容、内容与用户之间的交互。不仅如此,ActionScript 3.0 还能够实现各种动画特效,对影片进行控制。

5.1.1　ActionScript 3.0 功能介绍

ActionScript 3.0 类似于其他的面向对象的编程模式,如 JavaScript,具有面向对象编程的特点,提供了可靠的编程模型。ActionScript 3.0 改进了早期版本的某些重要功能,主要包括以下 4 点。

① 采用更先进的编译器代码库,更加严格地执行 ECMA263 标准,与较早版本相比更具有执行性,ECMA263 是一种 ECMAScript 标准。

② 将虚拟机 AVM1 升级为 AVM2,使用全新的字节代码指令集,大大提高系统性能。

③ 改进了应用程序编程接口,实现对对象的低级控制和面向对象模型。

④ 实现了基于 E4X 规范的 XML API ，E4X 是 ECMAScript 的一种语言扩展，它将 XML 添加为语言的基本数据类型。

5.1.2 ActionScript 3.0 基本概念

① 动作：是指程序语句，是 ActionScript 脚本语言的核心内容。

② 类：常用来定义新的对象类型，是一系列相互之间有联系的数据集合。

③ 构造器：是一种函数，用来定义类的属性和方法。

④ 事件：是执行某一个动作提供的一种触发条件，这个触发功能的部分就是 ActionScript 事件。

⑤ 实例：实例是属于某个类的对象，一个类的每一个实例都包含类的所有属性和方法。

⑥ 方法：是被指派给某个对象的函数，该函数被分配后可以作为这个对象的方法被调用。

⑦ 对象：是指属性的集合，每个对象都有自己的名称和值，通过对象可以自由访问某个类型的信息。

⑧ 属性：用来定义对象的某个特征。

⑨ 目标路径：是影片剪辑实例名称、变量和对象的层次性的地址。

5.2 动作面板

ActionScript 3.0 是 Flash CS5 提供的动作脚本语言。脚本语言的编写，可以使动画产生较强的交互作用，提高了用户对动画对象的控制能力。

5.2.1 动作面板介绍

"动作"面板是 ActionScript 专用的编程环境。下面就来详细了解下"动作"面板，如图 5-1 所示。

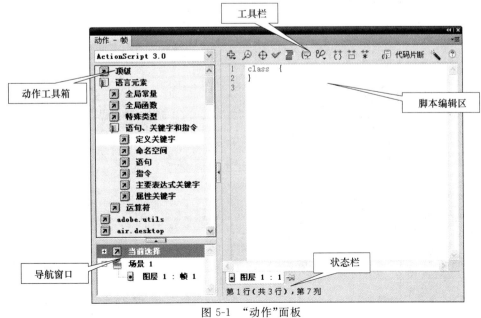

图 5-1 "动作"面板

1. 动作工具箱

该工具箱包括了所有的 ActionScript 3.0 动作命令和相关语法。在工具箱列表中,图标 表示命令夹,类似于 Windows 资源管理器中的文件夹,单击可以展开该命令夹列表,显示下面的命令项。图标 表示一个可用的命令、语法或其他相关工具,双击即可在脚本编辑区被引用。

2. 导航窗口

该窗口位于工具箱的下方,用来显示当前 ActionScript 3.0 动作脚本添加的对象。

3. 动作编辑区

该区域是进行 ActionScript 3.0 脚本编辑的主要区域,当前对象的所有脚本语句都将显示在该区域中,也在这里进行动作脚本的编辑工作。

4. 工具栏

位于脚本编辑区的上方,该工具栏显示了 ActionScript 3.0 动作脚本编辑过程中经常用到的命令。

5.2.2 为常见对象添加动作

动作面板与舞台上可以添加动作的对象是相关联的。根据添加动作的目的不同,在具体的动画设计中可以添加动作的对象有 3 种:关键帧、影片剪辑元件、按钮元件。

1. 为关键帧添加动作

将 AS(ActionScript 简写)代码添加在某关键帧上,当动画播放到该关键帧时,相应的 AS 代码就会被执行。最典型的应用是可以控制动画的播放和结束时间。根据动画的播放内容和要达到的控制要求在相应的帧添加所需 AS 代码,有效地控制动画的播放时间和内容。

为关键帧添加动作的具体操作步骤如下。

① 在"时间轴"中选中要添加动作的关键帧。

② 选择【窗口】菜单中的【动作】命令或按下键盘上的 F9 键,打开"动作"面板,输入 AS 代码,如图 5-2 所示。

图 5-2 为关键帧添加动作

③ 打开"时间轴"面板,这时可以看到关键帧上出现了一个小小的"🔒",表示该关键帧上插入了 AS 代码。当 Flash 动画播放到该关键帧时 AS 代码就会被触发并执行,如图 5-3 所示。

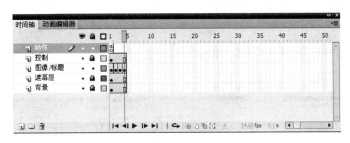

图 5-3 添加动作后的关键帧

2. 为按钮添加动作

为按钮添加动作是最常见的一种做法,如按钮按下或放开等。与给关键帧添加动作不同,给按钮添加 AS 代码后,要执行 AS 代码必须具备触发条件。一般情况下,AS 代码包含在 on 事件之内。

为按钮添加动作的具体操作步骤如下。

① 选中要添加 AS 代码的按钮。

② 打开"动作"面板,在脚本编辑区中输入 AS 代码。

③ 在设置按钮动作时,必须要明确它的鼠标事件类型,如图 5-4 所示。

图 5-4 为按钮添加动作

有时我们欣赏一个高水平 Flash 动画时,打开后首先要单击一个播放按钮,动画才可以开始播放,这就是因为在该按钮上添加了 AS 代码。设计动画时如果多添加一些类似的效果,整个动画的互动性和趣味性就会明显增强。

3. 为影片添加动作

Flash 动画中的影片剪辑元件拥有独立的时间轴,每个影片元件都有自己唯一的名称。为影片剪辑元件添加动作并制定触发事件后,就会执行为该影片添加的 AS 代码。

为影片添加动作的具体操作方法如下。

① 选中要添加动作的影片元件。

② 打开"动作"面板,单击"动作"面板工具栏中的 ,在弹出的下拉菜单中选择要添加的动作,如图 5-5 所示。

图 5-5　为影片添加动作

在 Flash 动画设计中,如果能够熟练掌握并灵活运用以上 3 种为对象添加 ActionScript 脚本的方法,再结合设计者的巧妙构思,肯定能够制作出互动性强、画面丰富的动画作品。

5.3　ActionScript 语法基础

ActionScript 3.0 同其他编程语言类似,也有自己的编程规范,如常量、变量的定义,函数的使用等。下面具体学习 ActionScript 3.0 的语法基础。

5.3.1　常量和变量

1. 常量

常量是指在程序运行过程中其值保持不变的量。常量只能被赋值一次,而且要在最接近常量声明的区域给常量赋值。

常量声明使用关键字 const,一般格式为:

```
Const constName:DateType = Value;
```

其中,constName 表示常量名称,DateType 表示常量类型,Value 表示常量值。

例如,Const MAX:int=100;MAX 为常量名,int 为整型常量类型,100 为常量值。

ActionScript 3.0 中定义的常量一般使用大写字母,各个单词之间用下画线分隔。

2. 变量

变量是指程序运行中可以改变的量。变量在 ActionScript 3.0 中用于存储信息,可以在名称不变的情况下改变所存储的值。变量由两部分构成:变量名和变量值。变量名用来区分变量的不同,变量值用来确定变量的类型和大小。

(1) 变量名的命名规则

- 变量的名称必须以英文字母开头,不区分英文字母的大小写。
- 变量名尽量有一定含义,通过一个或多个单词定义有意义的变量名使变量的意义更加明确。
- 变量的名称中间不能使用空格或句点符号,但可以使用下画线。
- 不能使用 ActionScript 3.0 中的关键字、对象或属性作为变量名。
- 在脚本语言 ActionScript 3.0 中使用变量时必须遵循"先定义,后使用"的原则。

(2) 变量的声明

通常变量在使用之前,必须先对变量进行声明,如下所示:

    Var VariableName:DateType = Value;

其中,Var 为声明变量;VariableName 为变量名称;DateType 为变量类型;Value 为变量值。

(3) 变量的作用域

变量的作用域是指能够识别和引用该变量的区域,也就是变量在什么范围内是可以被访问的。在 ActionScript 3.0 中根据变量的作用范围将变量分成 3 种类型。

① 局部变量:在自身代码块中有效的变量(在大括号内)。就是在声明它的语句块内(如一个函数体)是可以访问的变量,通常是为了避免冲突和节省内存空间而使用的。如果超出了变量的作用域,该变量则无法被引用。

② 时间轴变量:可以在使用目标路径指定的任何时间轴内有效。时间轴范围变量声明后,在声明它的整个层级的时间轴内是可以被访问的。

③ 全局变量:在整个影片中都可以访问的变量。该变量类型在所有函数或类的外部声明,它可以被同一个程序中的任何代码所引用。

5.3.2　数据类型和关键字

1. 数据类型

在 ActionScript 3.0 中,要声明一个常量或变量时,常常为其指定数据类型。ActionScript 3.0 中的数据按照结构可以分为基础数据类型和复杂数据类型。

(1) 基础数据类型

基础数据类型包括 7 种具体数据类型,具体见表 5-1。

表 5-1　基础数据类型

数据类型	详细说明
Number	用来表示所有数字,包括整数、无符号整数以及浮点数;采用 64 位双精度格式存储数据
Int	整型数据类型,取值范围是自 $-2\,147\,483\,648 \sim 2\,147\,483\,647$ 之间的整数,默认值为 0

数据类型	详细说明
Uint	无符号整型(非负数),取值范围为 0~4 294 967 295 之间的整数,默认值为 0
Boolean	逻辑型数据,满足条件为真,用 True 表示;不满足条件为假,用 False 表示
Null	表示特殊的数据类型。其值只有一个为空值,用 Null 表示。Null 为所有字符串类型和所有类的默认值,不能作为类修饰符
Void	表示无类型变量,用 undefined 表示,其值只有一个,常用作函数的返回类型
String	表示一个 16 位的字符序列,在数据内部被存储为 Unicode 字符

(2) 复杂数据类型

ActionScript 3.0 除了提供以上 7 种基础数据类型之外,还提供了一些复杂数据类型,分为核心数据类型和内置数据类型两种。

① 核心数据类型,存储的是核心数据,主要包括 Object(对象型)、Array(数组型)、Date(日期型)、Function(函数)、XML(可扩充的标记语言对象)、RegExp(正则表达式对象)等。

② 内置数据类型,常见的内置数据类型主要有:MovieClip(影片剪辑元件)、TextField(文本字段)、SimpleButton(按钮元件)、Date(日期或时间)等。

2. 关键字

在 ActionScript 3.0 中保留了一些具有特殊含义的单词,用于执行某项特定的操作,供 AS 调用,这些单词被称为关键字。ActionScript 3.0 中常见的关键字见表 5-2。

表 5-2 ActionScript 3.0 中的关键字

break	else	instanceof	typeof
case	for	new	var
continue	function	return	void
default	if	switch	while
delete	in	this	with

在 ActionScript 3.0 中,除了关键字区分英文大小写之外,在脚本中的其他内容大小写可以混用。但是,为了更容易被区分和理解,我们应尽量遵守 AS 代码的书写约定。

5.3.3 运算符

在 ActionScript 中,运算符是指执行某种运算的特殊符号,运算符处理的值称为操作数。常见的运算符包括以下 5 种。

1. 算术运算符

算术运算符是指可以进行加、减、乘、除及其他数学运算的运算符。它们的优先级和其他语言相同,不再赘述。具体算术运算符见表 5-3。

表 5-3　算术运算符

运算符	注　释	运算符	注　释
＋	执行加法运算	＋＋	用于变量自递增运算,如:＋＋i
－	执行减法运算	－－	用于变量自递减运算,如:－－i
*	执行乘法运算	％	求模(求余数)运算,如:10％3＝1
/	执行除法运算		

2. 赋值运算符

赋值运算符主要用来将数值或表达式的计算结果赋给变量。赋值运算符见表5-4。

表 5-4　赋值运算符

运算符	注　释	运算符	注　释
＋＝	相加并赋值,如:	＜＜＝	按位左移并赋值
－＝	相减并赋值	＞＞＝	按位右移并赋值
*＝	相乘并赋值	＞＞＞＝	右移位填0并赋值
/＝	相除并赋值	|＝	按位"或"并赋值
＝	赋值运算	&＝	按位"与"并赋值
％＝	求余并赋值	^＝	按位"异或"并赋值

3. 比较运算符

比较运算符常用于比较表达式的值,结果返回布尔值(True 或 False)。比较运算符在ActionScript 3.0 中常用于条件语句或判断循环程序是否结束。比较运算符见表5-5。

表 5-5　比较运算符

运算符	注　释	运算符	注　释
＞	大于	＝	等于判断
＜	小于	＝＝	恒等判断
＞＝	大于或等于	!＝	不等判断
＜＝	小于或等于	!＝＝	不恒等判断

4. 逻辑运算符

逻辑运算符是指对布尔表达式或布尔值进行运算并比较,结果返回布尔值(True 或False)。逻辑运算符有 3 个,分别是:&&(逻辑与)、‖(逻辑或)、!(逻辑非)。

- 当两个操作数都为 True 时,执行逻辑"与"运算后,结果为 True,其余情况下结果均为 False。
- 当两个操作数都为 False 时,执行逻辑"或"运算后,结果为 False,其余情况下结果均为 True。
- 当执行逻辑非运算时,如果原表达式值为 True,则结果为False;如果原表达式值为False 则结果为 True。

5. 按位运算符

按位运算符是一组常用于二进制运算的运算符号,是根据二进制的位来完成操作的。

ActionScript 3.0 为我们提供了 7 种位运算符,具体见表 5-6。

表 5-6　按位运算符

运算符	注　释	运算符	注　释
&	按位与运算	>>>	无符号的按位右移
|	按位或运算	^	按位异或
>>	按位右移	~	按位取反运算
<<	按位左移		

当使用按位运算符时,必须先把数字转换成二进制才能进行运算。

5.3.4　函数

在 ActionScript 3.0 中,函数是指对常量或变量进行某种运算的方法,是脚本语句的基本组成部分。函数可以被事件或其他语句调用,大大减少代码量,提高工作效率。

Flash CS5 中的函数可以分为系统函数和自定义函数。系统函数是 Flash CS5 自带的函数,可以直接在脚本代码中调用;自定义函数是由用户自己定义的函数,最后返回运算结果。

1. 自定义函数

(1) 使用格式

```
function 函数名(参数){
执行的语句块;
return 表达式;
}
```

(2) 用法举例

例如,定义一个输出函数 week()。

```
function week(){            //定义一个函数 week()
trace("Today is Monday");   //设置函数 week()的功能
}
```

当调用函数 week()时,输出结果:Today is Monday。

2. 函数调用

函数声明以后只要输入函数名和它的参数就可以被调用了,可以把函数的返回值赋给一个变量。除此之外,我们也可以直接调用函数而不赋值给变量,函数的调用语句可以被作为一个与返回值数据类型相同的常量处理。

定义后的函数可以在它的作用域内无限次的被调用,每次调用都可以给予不同的参数。对于没有参数的函数,只要输入函数名加括号就可以完成调用了。

例如:

```
//得到 Flash 软件的版本信息
trace(getVersion());
```

3. 函数的作用域

函数的作用域是指定义它的代码所在的对象或时间线范围。全局函数相当于一个全局对象的子函数。如果要调用不在同一对象层次的函数，就必须使用路径"Path"。如果在一个子 MovieClip 中要调用根目录中的函数必须使用以下格式：

```
_root.myFunction();
```

4. 局部变量

在 Flash CS5 函数中，所使用的参数都是局部变量，在函数调用结束后会被从内存中自动清除。我们也可以在函数中使用 var 声明其他局部变量。如果在函数中使用全局或其他变量，则一定要避免和函数中的局部变量混淆。

```
Function test(a){
Var b = "words";//定义局部变量 b
c = "How are you?";//定义变量 c
trace("-----从内部访问变量-----");
trace("a = " + a);//显示参数 a
trace("b = " + b);//显示局部变量 b
trace("c = " + c);//显示变量 c
}
//调用函数
test("Symbol");
trace("----从外部访问变量-----");
trace("a = " + a);
trace("b = " + b);
trace("c = " + c);
```

5.3.5 基本语法

在进行 ActionScript 3.0 动作脚本的书写过程中，要熟悉它的语法规则，常见的有点、分号、括号、注释和斜杠等符号。

1. 点

点语法是指在脚本代码中出现的"."，它表示某个对象的属性或方法，再或者是某个电影片段或变量的目标路径。

点语法如果用在目标路径中，一般包含两种。分别是：相对路径和绝对路径。相对路径常用_parent 表示，绝对路径常用_root 表示。

2. 分号

在 Flash 的动作脚本中，";"用来表示一个语句的结束。在平时编程时，一定要养成良好的编程习惯，及时在末尾添加";"，使得编程语句规范，增强程序的可读性、条理性。但是有一点需要注意，如果是某个选择结构开头或者是循环结构开头，左花括号处和内层花括号处不应有分号。

举例如下：

```
 my_mc.onEnterFrame = function() {
if(getProperty("my_mc",_alpha)! = 0) {
  setProperty("my_mc",_alpha,getProperty("my_mc",_alpha) – 5);
  setProperty("my_mc",_xscale,getProperty("my_mc",_xscale) + 10);
  setProperty("my_mc",_yscale,getProperty("my_mc",_yscale) + 10);
 }
  }
```

3. 小括号

在 ActionScript 3.0 中,小括号是编写动作脚本时,在定义和调用函数过程中使用的。

小括号一般有 3 种使用方式,分别是:①更改表达式的运算顺序;②结合使用小括号和逗号运算符,可以计算一系列表达式并返回最后一个表达式的值;③可以向函数或方法传递一个或多个参数。

4. 大括号

在 Flash CS5 中,脚本代码所用的大括号类似于 C 语言规范。通过使用"{ }"可将整个大程序分成一个个的模块,可以把大括号中的代码看成一句完整的语句。

5. 注释

在任何一门编程语言中都离不开注释语句,它帮助程序阅读者理解程序的功能、作用,便于理解程序。

在 ActionScript 3.0 中,注释语句主要包含两种类型:单行注释和多行注释。单行注释用"//"表示,在该字符后添加说明性语句。多行注释以一个正斜杠和一个星号(/ *)开头,以一个星号和一个正斜杠(* /)结尾。在脚本编辑区域,注释语句在窗口中一般用灰色显示。

带有单行注释语句的部分脚本代码如下:

```
setProperty("my_mc",_alpha,"55")        //设置影片剪辑"my_mc"的透明度为 55%
setProperty("my_mc",_xscale,200)        //设置影片剪辑"my_mc"水平放大一倍
setProperty("my_mc",_visible,false)      //设置影片剪辑"my_mc"不可见
setProperty("my_mc",_rotation,60)        //设置影片剪辑"my_mc"顺时针旋转 60°
```

5.4 程序流程控制

在 ActionScript 3.0 中,脚本语言的编写类似于我们学习的其他语言,也是遵循结构化的程序设计方法,将复杂程序划分成多个功能相对独立的模块。最常用的语句是条件语句和循环语句。

5.4.1 条件语句

1. if 语句

使用格式:

```
 if (条件){
语句 1;
 }
```

当条件成立时,执行"语句 1"的内容。当条件不成立时,执行"语句 1"后面的内容。
例如:

```
if(a>10) {          //判断 a 是否大于 10
trace("a is >10");  //若成立,则输出 a is >10
}
```

2. if…else 语句

格式如下:

```
if (条件 1) {
语句 1;
} else {
语句 2;
}
```

当条件 1 满足时,则执行"语句 1"的内容;当条件 2 满足时,则执行"语句 2"的内容。

3. switch 语句

switch 语句用于对表达式进行求值,然后根据表达式的结果来确定要执行的代码块。代码块以 case 语句开头,以 break 语句结尾。

(1) 使用格式

```
switch (表达式) {
case 值 1:
语句 1;
break;
case 值 2:
语句 2;
break ;
…
default:
语句 n;
}
```

先计算表达式的值,然后去各个 case 子句中找到对应的执行语句。如果找不到对应的执行语句,就执行 default 后面的语句。

(2) 用法举例

```
var n:Number = 25;
switch (Math.floor(n/10)) {
case 1:
    trace("number = 1");
    break;
case 2:
    trace("number = 2");
```

```
        break;
case 3:
        trace("number = 3");
        break;
default :
        trace("number = ?");
}
```

输出结果:number = 2

5.4.2 循环语句

1. while 循环

while 语句通过重复执行某条语句或某段程序实现循环。当系统执行 while 语句时,会先计算条件表达式的值,如果值为 True 时,则执行循环体的语句,如果值为 False 时,则退出循环体。

do while 语句与 while 语句一样可以创建相同的循环。二者区别是:do while 语句对条件表达式的判断是在循环结束处,而 while 循环对条件表达式的判断是在循环开始处。do while 循环语句至少会执行一次循环体。

(1) while 循环

使用格式:

```
while (条件) {
执行语句块;
}
```

当"条件"成立时,程序就会一直执行"执行的代码块",当"条件"不成立时,则跳过"执行的代码块"并结束循环。

用法举例:

```
var i:number = 8;         //定义一个数字型变量 i,并赋初值 8
while(i > = 0) {          //先判断条件
trace(i);                 //若条件成立,则输出 i
i = i-1;                  //i 自身减 1
}
```

输出结果:依次输出 8、7、6、5、4、3、2、1、0

(2) do…while 循环

使用格式:

```
do {
执行语句块;
} while (条件)
```

先执行代码块,后判断条件。

用法举例：

```
var i:Number = 8;
do {
trace(i); //先执行代码块输出 i
i = i-1;
} while (i>=0) //再判断条件
```

输出结果：依次输出 8、7、6、5、4、3、2、1。

2. for 循环

（1）for 语句

使用格式：

```
for(变量初值;条件表达式;变量更新表达式){
执行语句块;
}
```

用法举例：对 1～100 之间的偶数求和。

```
Var i:Number = 0;
var sum:Number = 0;
for (i = 1;i<=100;i = i+2){
sum = sum+i;
}
trace(sum);
```

输出结果：2500。

（2）for…in 语句

for…in 语句经常用在对象的属性或数组的元素中，可用一个变量名来搜索对象，然后执行每个对象中的表达式。

使用格式：

```
for(变量 in 对象|数组){
执行语句块;
}
```

使用 for…in 语句执行循环时，变量的类型必须为 string 类型。如果声明为 Number 等其他类型，将不能正确地输出属性名或属性值。

用法举例：

```
Var obj:object = {Name:"TOM",Age:25};
//创建 object 对象
For(var i: * in obj)
Trace(i+":"+obj[i]);
}
```

输出结果为：Name:Tom Age:25。

（3）for each…in 语句

for each…in 语句用于循环访问集合中的项目，它可以是 XML 或 XMLList 对象中的标签、对象属性保存的值或数组元素。

使用格式：

```
For each(变量 in 对象|数组){
Statements;
}
```

在一般情况下，for each…in 语句通常用来访问通用对象的属性，语句中的迭代变量包含属性所保存的值，而不包含属性的名称。

用法举例：

```
Var obj:Object = {Name:"Mary",Age:20};
//创建 Objcet 对象
For each (var i: * in obj) {
Trace(i);
}
```

输出结果为：20 Mary。

5.5 类

5.5.1 类的定义

1. 类的概念

类是最基本的编程结构。类是对象的抽象表现形式，一般用来存储和对象有关的可保存的数据类型以及对象的行为信息。通过使用类可以更好地实现控制对象的创建和交互。类包括类名和类体，类体又包括属性和方法。

2. 类的定义

常使用 class 关键字来完成类的定义，后跟类的名称。类体放在类名后的大括号内。

```
Public class className{
//类体
}
```

所有的类都必须放在扩展名为 .as 的文件中，每个 as 文件中只能定义一个 public 类，并且类名要与 .as 的文件名相同。

3. 类体

类体放在大括号"{}"内，用于定义类的变量、常量和方法。在类体中可以定义命名空间，具体如下：

```
Public class SampleClass{
Public namespace sampleNamespace;
sampleNamespace function doanything():void;
}
```

5.5.2 类属性

类的属性是指和类关联的变量,通过关键字 var 来声明。

(1) 类属性分类

类的属性有 4 个,具体见表 5-7。

表 5-7 类的属性

属性名称	注 释
dynamic	允许在运行时向实例添加属性
Final	不允许由其他类扩展
Inernal(默认)	对当前包内的引用具有可见性
公共	对所有位置的引用具有可见性

(2) 类属性定义

进行类属性定义时,一般将常量或变量放在构造函数外部,通过 public 修饰符确保类属性可以被外部引用,具体如下:

```
Package{
  Public class classname{
    Public const public constant = val1;
    Public var attributename = val2;
    }
  }
```

5.5.3 类方法

在 ActionScript 3.0 中,类方法是类定义中的函数,创建一个实例后,该实例就会捆绑一个方法。定义方法必须使用 function 关键字声明。

```
//定义属性
Varname:String = "小狗";
Public function GetAnimalName():String{
Returnthis.name;
}
```

5.6 常用交互控制语句

5.6.1 常用控制语句

1. Play 语句和 Stop 语句

（1）Play 语句

使用格式：

```
play()
```

功能：该命令没有参数，功能是使动画从它的当前位置开始放映。

（2）Stop 语句

使用格式

```
stop()
```

功能：该命令没有参数，功能是停止播放动画，并停在当前帧位置。

2. gotoAndPlay 和 goAndStop 命令

（1）gotoAndPlay

使用格式：

```
gotoAndPlay(frame)
```

参数说明：frame 跳转到帧的标签名称或帧数。

功能：该命令用来控制影片跳转到指定的帧，并开始播放。

（2）gotoAndStop

使用格式：

```
gotoAndStop(frame)
```

参数说明：frame：跳转到帧的标签名称或帧数。

功能：该命令用来控制影片跳转到指定的帧，并停止在该帧。

3. stopAllSounds 命令

使用格式：

```
stopAllSounds()
```

功能：该命令没有参数，用来停止当前 FlashPlayer 中播放的所有声音而不停止影片的播放。

5.6.2 按钮事件和影片剪辑事件

1. 按钮事件

使用格式：

```
on（事件）{
执行动作；
}
```

功能：执行某种按钮事件代码。

常见的按钮事件有以下几种。

① on(press)：在按钮上单击鼠标左键，动作触发。

② on（release）：在按钮上单击鼠标左键后再释放鼠标，动作触发。

③ on(rollOver)：鼠标移动到按钮上动作触发。

④ on(rollOut)：鼠标移出按钮区域动作触发。

2. onClipEvent( )

（1）使用格式

```
onClipEvent(事件){
执行的动作；
}
```

功能：执行影片剪辑事件代码。

常见的影片剪辑事件有以下几种。

① onClipEvent(load)：影片剪辑被加载到当前时间轴时，动作触发。

② onClipEvent(unload)：影片剪辑被删除时，动作触发。

③ onClipEvent(enterFrame)：当播放头进入影片剪辑所在的帧时，动作触发。

④ onClipEvent(mouseMove)：当移动鼠标时，动作触发。

⑤ onClipEvent(mouseDown)：当单击鼠标左键时，动作触发。

⑥ onClipEvent(mouseUp)：当释放鼠标左键时，动作触发。

（2）用法举例

绘制一个五角星，将其转换为影片剪辑，并给该影片剪辑添加如下动作代码：

```
onClipEvent (enterFrame){        //当播放头进入影片剪辑所在帧时
_rotation += 10;                 //让影片剪辑顺时针旋转，每次旋转10°
}
```

运行结果：影片剪辑五角星不断的旋转，每次旋转10°。

5.6.3 事件处理函数

1. 按钮事件处理函数

使用格式：

```
按钮的实例名称.按钮事件处理函数 = function(){
执行的动作；
}
```

功能：执行某个按钮事件的处理函数的脚本代码。

常见的按钮事件处理函数有以下几种。

① onPress：在按钮上单击鼠标左键时启用。

② onRelease：在按钮上单击鼠标左键后再释放鼠标时启用。

③ onRollOver：鼠标移动到按钮上时启用。

④ onRollOut：鼠标移出按钮区域时启用。

2. 影片剪辑事件处理函数

使用格式：

```
影片剪辑的实例名称.影片剪辑事件处理函数 = function() {
执行的动作;
}
```

功能:执行影片剪辑事件处理函数的脚本代码。

常见的影片剪辑事件处理函数有以下几种。

① onLoad:影片剪辑被加载到当前时间轴时启用。

② onUnload:影片剪辑被删除时启用。

③ onEnterFrame:当播放头进入影片剪辑所在的帧时启用。

④ onMouseMove:当移动鼠标时启用。

⑤ onMouseDown:当单击鼠标左键时启用。

⑥ onMouseUp:当释放鼠标左键时启用。

影片剪辑还有一些与按钮类似的事件处理函数,常见的有以下几种。

① onPress:在影片剪辑上单击鼠标左键时启用。

② on Release:在影片剪辑上单击鼠标左键后再释放鼠标时启用。

③ onRollOver:鼠标移动到影片剪辑上时启用。

④ onRollOut:鼠标移出影片剪辑时启用。

5.6.4 getURL 命令

使用格式:

```
getURL(url,windows)
```

功能:实现获取超链接命令。

参数说明:

① url:是一个字符串,表示文档的 URL。

② windows:是一个可选的字符串,用来指定应将文档加载到其中的窗口或 HTML 框架。

5.6.5 loadMovie 和 unloadMovie 命令

1. loadMovie 命令

使用格式:

```
loadMovie(url,target)
```

功能:实现加载外部的 SWF 文件或图片。

参数说明:

① url:要加载的 SWF 文件或图片文件所在的路经。

② target:对影片剪辑对象的引用或表示目标影片剪辑路径的字符串。目标影片剪辑将被加载的 SWF 文件或图像所替换。

用法举例,在同一目录下要加载一个名为"my_mc. swf"的影片到主场景中。可先制作一个按钮,并给该按钮添加如下动作代码:

```
on (press) {
loadMovie("my_mc.swf", _root);
}
```

2．unloadMovie 命令

使用格式：

```
unloadMovie(target)
```

功能：用来删除用 loadMovie 命令加载的 SWF 文件或图片。

参数说明：target 表示要删除的影片剪辑对象或要删除的影片剪辑路径的字符串。

5.6.6　starDrag 和 stopDrag 命令

1．starDrag 命令

使用格式：

```
starDrag(traget, lock, left, top, right , bottom)
```

功能：实现影片剪辑的拖动操作。

参数说明：

① traget：要拖动的影片剪辑的目标路径。

② lock：（可选）一个布尔值，指定可拖动影片剪辑是锁定到鼠标位置中央（true），还是锁定到用户首次单击该影片剪辑的位置上（false）。

③ left、top、right、bottom：（Number、可选）相对于该影片剪辑的父级的坐标的值，用以指定该影片剪辑的约束矩形。

2．stopDrag 命令

使用格式：

```
stopDrag()
```

功能：该命令没有任何参数，停止当前的拖动操作。

用法举例，在舞台上制作一个影片剪辑，实例名称为"my_mc"，选择"my_mc"，所在的关键帧添加如下动作代码：

```
my_mc.onPress = function() {
startDrag(my_mc, true);
};
my_mc.onRelease = function() {
stopDrag();
};
```

以上动作代码的作用是：当在影片剪辑上单击鼠标左键时，允许拖动影片剪辑"my_mc"。当在影片剪辑上单击鼠标左键后再释放鼠标时，停止拖动影片剪辑"my_mc"。

5.6.7　setProperty 和 getProperty 命令

1．setProperty 命令

（1）使用格式

```
setProperty(traget,property,value)
```

功能：用来设置影片剪辑的属性。

参数说明：

① traget：要设置属性的影片剪辑的实例名称的路径。

② property：要设置的属性。

③ value：属性的新值，或者是计算结果为属性新值的等式。

（2）用法举例

以下是 setProperty 命令的具体用法：

```
setProperty("my_mc",_alpha,"55")        //设置影片剪辑"my_mc"的透明度为 55%
setProperty("my_mc",_xscale,200)        //设置影片剪辑"my_mc"水平放大一倍
setProperty("my_mc",_visible,false)     //设置影片剪辑"my_mc"不可见
setProperty("my_mc",_rotation,60)       //设置影片剪辑"my_mc"顺时针旋转 60°
```

2. getProperty 命令

使用格式：

```
getProperty(my_mc, property)
```

功能：用来获取影片剪辑属性的值。

参数说明：

① my_mc：要检索其属性的影片剪辑的实例名称。

② property：影片剪辑的一个属性。

用法举例，在舞台上制作一个影片剪辑，实例名称为"my_mc"，选择"my_mc"所在的关键帧添加如下动作代码：

```
my_mc.onEnterFrame = function() {
if(getProperty("my_mc",_alpha)! = 0) {
setProperty("my_mc",_alpha,getProperty("my_mc",_alpha) - 5);
setProperty("my_mc",_xscale,getProperty("my_mc",_xscale) + 10);
setProperty("my_mc",_yscale,getProperty("my_mc",_yscale) + 10);
}
};
```

以上动作代码的作用是：不断获取和改变影片剪辑的透明度、水平缩放比和垂直缩放比。

5.6.8 duplicateMovieClip 和 removeMovieClip 命令

1. duplicateMovieClip 命令

（1）使用格式

```
duplicateMovieClip(target,newname,depth)
```

功能：对影片剪辑进行动态复制。

参数说明：

① target：要被复制的影片剪辑的实例名称。

② newname：复制出来的影片剪辑指定的名称。

③ depth：复制出来的影片剪辑指定的深度值。

（2）用法举例

在舞台上制作一个影片剪辑，大小为 60×60，位于舞台上方，实例名称为"my_mc"。选择"my_mc"所在的关键帧添加如下动作代码：

```
for (i = 1; i <= 3; i++) {
duplicateMovieClip("my_mc", "new_mc" + i, i);
setProperty("new_mc" + i, _y, i * 110);
setProperty("new_mc" + i, _xscale, i * 200);
}
```

以上动作代码的作用是:

① 对"i"作循环,"i"的取值分别为1、2、3。

② 每次都以"my_mc"为样本,复制出一个新的影片剪辑。复制出的新影片剪辑名称分别为"new_mc1"、"new_mc2"、"new_mc3"。

③ 复制深度值取"i",3个影片剪辑的深度分别为1、2、3。

④ 复制出的3个影片剪辑的纵坐标_y的取值是 i×110,分别为110、220、330,水平放大百分比为 i×200,分别为200、400、600。

2. removeMovieClip 命令

(1) 使用格式

```
removeMovieClip(target)
```

功能:删除动态添加的影片剪辑。

参数说明,target 表示要删除的影片剪辑的实例名称。

(2) 用法举例

通过用下面的语句可以删除动态添加的影片剪辑实例"mymc":

```
removeMovieClip("mymc");
```

5.7　综合应用实例

5.7.1　古诗一首

设计思想:通过该案例,制作唐代诗人李白著名佳作"静夜思"动画,在动画播放过程中,有 play 和 stop 按钮完成动画的停止和继续播放,实现对动画播放的灵活控制,见图 5-6。

图 5-6　通过按钮实现动画播放控制

具体操作步骤如下。

① 新建 ActionScript 2.0 新文档,选择【文件】菜单【导入】子菜单中【导入到舞台】命令,将背景图像导入舞台,如图 5-7 所示。

图 5-7　导入图像

② 在图层 1 的第 60 帧处,右击鼠标,在弹出的快捷菜单中选择【插入帧】命令。

③ 在图层 1 上右击鼠标,在弹出快捷菜单中选择【插入图层】命令,插入图层 2,选择【工具】中文本工具 **T**,输入李白的唐诗"静夜思",设置文本相关属性,如图 5-8 所示。

图 5-8　输入文本

④ 选中输入的文字,右击鼠标,在弹出的快捷菜单中选择【转换为元件】或按下快捷键 F8,弹出如图 5-9 所示对话框。

图 5-9　元件对话框

⑤ 在对话框中输入名称为"静夜思",类型为"图形",单击"确定"按钮。

⑥单击"图层 2"的第 1 帧,将元件"静夜思"拖动到舞台下方,如图 5-10 所示。

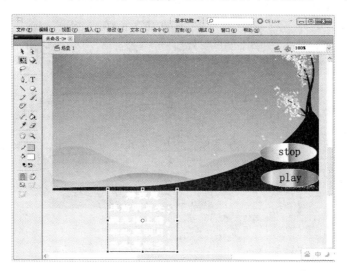

图 5-10 将"静夜思"元件拖动到舞台下方

⑦ 选中"图层 2"的第 60 帧处,右击鼠标或按下快捷键 F6 插入关键帧,将元件"静夜思"移动到舞台中,如图 5-11 所示。

图 5-11 将"静夜思"元件拖动到舞台中

⑧ 选中"图层 2"的第 60 帧,打开"属性"面板,将"静夜思"元件的 Alpha 值设为 0%,如图 5-12 所示。

⑨ 在图层 2 的任意帧处右击鼠标,在弹出的快捷菜单中选择【创建传统补间】命令,创建传统补间动画,如图 5-13 所示。

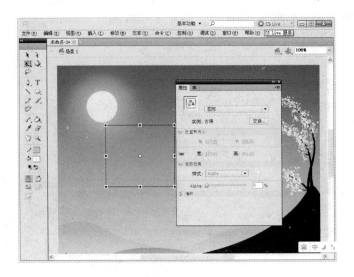

图 5-12　设置元件 Alpha 属性

图 5-13　创建传统补间动画

⑩ 选择【插入】菜单中的【新建元件】命令，弹出【新建元件】对话框，在名称框中输入"stop"，类型设置为"按钮"，单击"确定"按钮，进入按钮元件编辑模式，在"弹起"帧处，插入椭圆，输入文字"stop"，如图 5-14 所示。

⑪ 分别在"指针经过"、"按下"、"点击"帧中插入关键帧，并设置椭圆背景色。

⑫ 同样方法，创建按钮元件"play"，如图 5-15 所示。

图 5-14 创建 stop 按钮元件

图 5-15 play 元件

⑬ 新建"图层 3",单击第 1 帧,将按钮元件"stop",拖入舞台,新建图层 4,单击第 1 帧,将元件"play",拖入舞台,如图 5-16 所示。

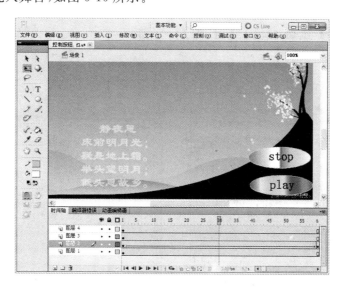

图 5-16 将按钮 stop 和 play 拖至舞台

⑭ 选中"图层 3",在舞台中"stop"按钮上右击鼠标,在弹出的快捷菜单中选择【动作】命令,打开"动作"面板,输入脚本代码,如图 5-17 所示。

⑮ 同样方法,为"play"按钮元件输入动作代码为:

```
On (release) {
    Play();
}
```

⑯ 将该动画以文件名"静夜思.fla"保存,并导出为"静夜思.swf",按下 Ctrl＋Enter 组合键测试影片,见图 5-6。

图 5-17　为"stop"元件输入代码

5.7.2　创建网页链接和电子邮件链接

设计思想：该案例通过使用 GetURL 语句创建动画链接和电子邮件链接，实现动画到网页和电子邮件的跳转，如图 5-18 和图 5-19 所示。

图 5-18　测试影片

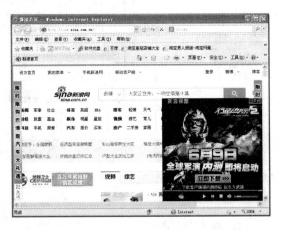

图 5-19　链接新浪网首页

具体操作步骤如下。

① 新建一个空白文档，选择【文件】菜单中的【导入】子菜单，选择【导入到舞台】命令，将图像导入到舞台，如图 5-20 所示。

② 选择【插入】菜单中的【新建元件】命令，弹出"创建新元件"对话框，输入名称为"网页链接"，类型为"按钮"，单击"确定"按钮，如图 5-21 所示。

图 5-20 导入图像

③ 选择工具箱中的矩形工具 ，绘制矩形，并设置填充色和笔触颜色，如图 5-22 所示。

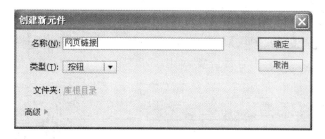

图 5-21 创建新元件

图 5-22 绘制图形

④ 选择文本工具 **T**，设置文本属性，在矩形框中输入文本"新浪网"，如图 5-23 所示。

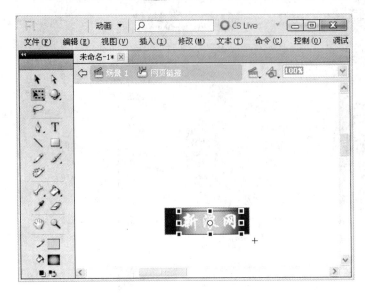

图 5-23　输入文本

图 5-24　库面板

⑤ 用同样的方法，创建"邮件链接"按钮元件，选择【窗口】菜单中的【库】命令，打开"库"面板，如图 5-24 所示。

⑥ 单击文档窗口左上角的【场景 1】，返回主场景，在时间轴"图层 1"上右击数据，在弹出的快捷菜单中，选择【插入图层】命令插入"图层 2"和"图层 3"，单击"图层 2"的第一帧，将"网页链接"元件拖入到舞台中合适位置，如图 5-25 所示。

图 5-25　将"网页链接"元件拖入舞台

⑦ 选中"网页链接"按钮,右击鼠标,在弹出的快捷菜单中选择【动作】命令,打开"动作"面板,输入如下代码:

```
On(release){
GetURL("http://www.sina.com.cn");
}
```

如图 5-26 所示。

图 5-26 输入"网页链接"动作脚本

⑧ 单击"图层 3"的第一帧,将"邮件链接"元件拖入到舞台中合适位置,如图 5-27 所示。

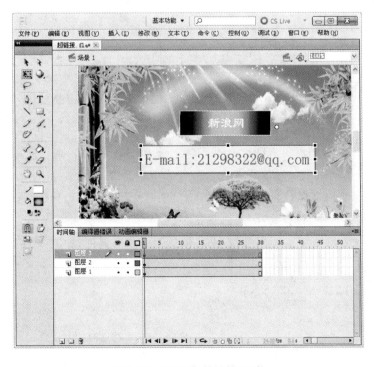

图 5-27 插入"邮件链接"元件

⑨ 选中"邮件链接"按钮,右击鼠标,在弹出的快捷菜单中选择【动作】命令,打开【动作】面板,输入如下代码:

```
on(release){
    getURL("mailto:21298322@qq.com");
}
```

如图 5-28 所示。

图 5-28　输入"邮件链接"动作脚本

⑩ 单击【文件】菜单中的【保存】命令,将文件保存成"链接.fla",单击【文件】菜单中【导出】命令,选择【导出影片】命令,导出影片文件"链接.swf"。按下 Ctrl＋Enter 组合键命令测试影片,如图 5-18 和图 5-19 所示。

5.7.3　飞舞的雪

设计思想:该案例通过使用选择结构 If 语句和 math.random 语句,以及动画元件的创建,实现动态下雪的动画效果。演示效果如图 5-29 所示。

具体操作步骤如下。

① 新建一个空白文档,选择【文件】菜单中的【导入】子菜单,选择【导入到舞台】命令,将背景图像导入到舞台中,设置文档属性,如图 5-30 所示。

② 参照第 2 章综合实例绘制雪花步骤,创建雪花图形元件,如图 5-31 所示。

③ 选择【插入】菜单的【新建元件】命令,弹出新建元件对话框,在名称框中输入"雪花",元件类型选择影片,如图 5-32 所示。

图 5-29 飞舞的雪效果图

图 5-30 导入背景图像

图 5-31 创建图形元件雪

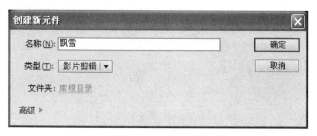

图 5-32 创建影片剪辑雪花

④ 单击雪花元件图层的第一帧,将图形元件"雪"拖入到合适位置,在第 20 帧处按下 F6 键插入关键帧,将雪元件拖动一段距离。在第 25 帧处按下 F6 键插入关键帧,将"雪"稍微向下移动一段距离,并单击【窗口】菜单中的【属性】命令,打开属性设置窗口,将 Alpha 值设置为 0,如图 5-33 所示。

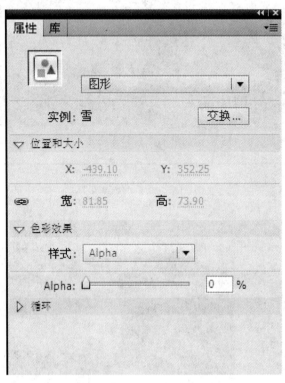

图 5-33 "雪"元件属性设置窗口

⑤ 在时间轴"图层 1"的第 1 帧和第 20 帧之间的任意位置右击鼠标,在弹出的快捷菜单中选择【创建传统补间】,用同样方法在第 20 帧和第 25 帧之间"创建传统补间"动画,如图 5-34 所示。

⑥ 单击文档窗口左上角的"场景 1",回到主场景,在时间轴"图层 1"上右击鼠标,插入"图层 2",将"飘雪"元件拖至舞台合适位置,设置元件属性,将实例名称设置为"xue",如图 5-35 所示。

⑦ 在"图层 1"和"图层 3"的第 3 帧处按下 F5 键插入帧;在图层 2 上右击鼠标,插入"图层 3",在第 3 帧处按下 F6 键插入关键帧。在"图层 3"的第 1 帧处右击鼠标,在快捷菜单中选择【动作】命令,打开【动作】面板,输入如下代码,如图 5-36 所示。

```
var i;
i = 1;
```

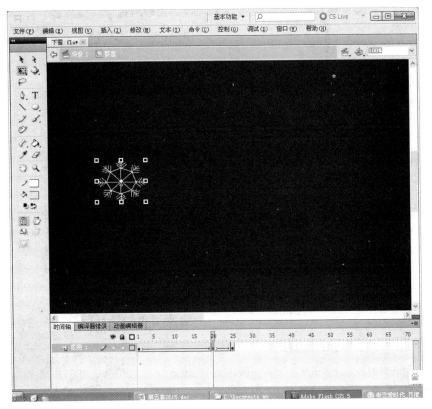

图 5-34 创建传统补间动画

图 5-35 设置"飘雪"元件属性

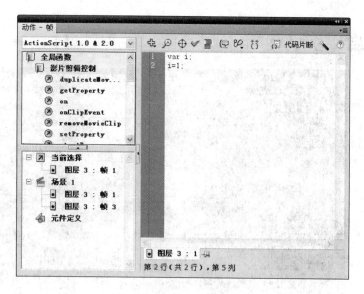

图 5-36　定义变量 x

⑧ 在图层 3 的第 3 帧处右击鼠标,在弹出的快捷菜单中选择【动作】命令,在动作面板中输入如下代码:

```
duplicatemovieclip("xue","xue" + i,i); //通过实例"xue"复制生出新的实例
_root["xue" + i]._x = Math.random() * 600; //设置新实例的水平位置
_root["xue" + i]._y = Math.random() * 600; //设置新实例的垂直位置
i = i + 1;
if(i == 100){
    i = 1;
}
gotoandplay(2); //跳转到第 2 帧并执行
```

具体如图 5-37 所示。

图 5-37　输入代码

⑨ 选择【文件】菜单中【导出】子菜单中的【导出为影片】命令,在弹出的对话框中输入"飘雪.swf",并将文件另存为"飘雪.fla"。按下 Ctrl+Enter 组合键测试影片,如图 5-29 所示。

思考与练习

一、单项选择题

1. 不属于 Flash CS5 的事件响应的是(   )。

   A. 鼠标事件　　　　　B. 键盘　　　　　　C. 关键帧事件　　　　D. 按钮事件

2. Flash CS5 交互性的大部分设置在(   )里,通过这种设置,用户可以随意设置各事件发生的效果、变量和函数,并控制动画。

   A. Action 和 Fs Command　　　　　　　B. Command

   C. Action　　　　　　　　　　　　　　D. Layer

3. 如果允许浏览者选择列表框中的多个项目,则应该(   )。

   A. selectMultiple＝TRUE　　　　　　　B. selectMultiple＝FALSE

   C. 默认就可以多选　　　　　　　　　　D. 不能多选

二、填空题

1. 如果希望在 ScrollPane 中根据内容的大小自动出现滚动条,则应该使 hScroll＝_____并且 vScroll＝_____。

2. ActionScript 3.0 中的类指的是_____。

3. 构造器是一种函数,用来定义_____。

4. 时间轴范围变量声明后,在声明它的_____内是可以被访问的。

5. ActionScript 3.0 中的数据按照结构可以分为_____、复杂数据类型。

6. 函数 trace(getVersion())的功能是_____。

三、操作题

利用本章学习的脚本知识,参考第 5.7 节的综合实例三飞舞的雪,设计效果如图 5-38 的下雨 Flash 动画。

图 5-38　下雨动画效果图

第6章　Flash 影片的测试与发布

本章导读

　　Flash 动画制作完成后,需要对动画文件进行测试、优化,最后将动画作为文件导出或发布。动画优化可减少文件的大小,使动画能够更快速地下载和播放。而测试动画,是为了检查动画是否能正常播放。利用 Flash CS5 的导出和发布功能,可以把当前 Flash 动画导出为 SWF、HTML、GIF、JPEG、PNG 等格式的文件,也可以发布为 QuickTime 等其他格式文件,从而满足不同系统平台的需要,方便在其他环境中的使用,同时可使动画能更好地融入到其他作品中。

学习目标

- 了解影片优化与测试的相关概念。
- 掌握影片导出相关操作。
- 掌握影片发布相关操作。

6.1　Flash 影片的优化与测试

　　Flash 影片下载和回放时间取决于文件的大小,如果制作的 Flash 影片很大,则下载和回放的时间就会很长,因此优化操作就十分重要。需要注意的是,优化的前提是在不影响影片播放质量的情况下尽可能压缩影片的体积。

6.1.1　影片的优化

　　Flash 影片的优化主要是通过优化元件、图形、动画播放速度、字体、位图、音频等元素实现的。

1. 元件的优化

在影片制作中,对于使用一次以上的对象,应将其转换为元件再使用。因为重复使用实例不会增加文件大小。

2. 图形的优化

① 构图时尽量采用实线笔触样式。虚线、点状线、斑马线等笔触样式均会增大文件

体积。

②尽量多用矢量图形,少用位图图像。矢量图的缩放不影响文件的大小,位图图像一般只作为静态元素使用,因此尽量避免使用位图图像制作动画。

③尽量使用构图简单的矢量图形。对于复杂的矢量图形可以使用菜单栏中的【修改】菜单中【形状】子菜单【优化】命令,删除冗余线条,减少文件体积。

④减少渐变填充颜色的使用,可以有效减小文件的体积。

⑤减少 Alpha 透明度的使用,可以有效加快回放速度。

3. 动画播放速度的优化

①尽量使用补间动画代替逐帧动画,因为关键帧越多文件体积就越大。

②尽量让不同的运动对象处于不同的图层中,避免在同一帧内安排多个对象同时运动。

4. 字体的优化

①尽量减少字体和字体样式的数量,少用嵌入字体,因为它们会增加文件的体积。

②尽量让不同的运动对象处于不同的图层中,避免在同一帧内安排多个对象同时运动。

5. 位图的优化

动画中使用的位图,最好事先通过图像处理软件进行压缩后再导入 Flash 软件中,然后再通过"位图属性"对话框对其进行压缩,这样会有效减小文件体积。

6. 音频的优化

音频文件尽量使用 MP3 格式,如果个别 MP3 格式声音文件不能成功导入到库中,则使用格式转换软件,将其转换成 WAV 格式文件再次导入。

6.1.2　影片的测试

影片优化完成后,就可以进行测试了。通过影片测试,不仅可以在本机上展示影片的动画效果,还可以模拟影片在网络中的下载速度、优化情况等。影片测试的具体操作是单击【控制】菜单【测试影片】子菜单中的【测试】命令,或者按 Ctrl+Enter 组合键。下面以第 3 章的"综合实例"为例来说明影片测试的具体操作。

课堂练习 6-1——影片测试

具体操作步骤如下。

①首先打开"百叶窗.fla"文件,如图 6-1 所示。

②单击菜单栏中的【控制】菜单【测试影片】子菜单【测试】命令,或按 Ctrl+Enter 组合键,在弹出的窗口中可以看到动画效果。

图 6-1　打开"百叶窗.fla"文件

③ 首先在影片测试窗口中单击菜单栏中【视图】菜单中【下载设置】命令,在弹出的子菜单中可以选择在影片测试窗口中模拟的动画下载速度,如图 6-2 所示。

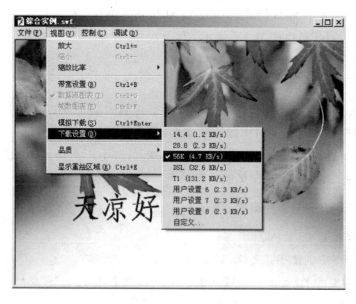

图 6-2　下载速度设置

④ 再次按下 Ctrl＋Enter 组合键,在影片测试窗口中以刚才设置的下载速度开始模拟下载影片。

⑤ 如果对影片的下载速度不满意,可以在影片测试窗口中单击【视图】菜单中的【带宽

设置】命令，在显示带宽的检测图中观看下载的详细信息，如图 6-3 所示。

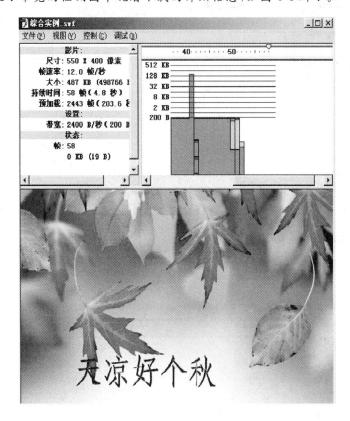

图 6-3　显示带宽的检测图

6.2　Flash 影片的导出

影片测试完成后，可将动画文件作为其他格式的文件导出，以方便我们在其他应用程序中使用。SWF 格式是最主要的导出格式，除此以外，还可以导出为图像、音频和视频等格式的文件。

6.2.1　导出图像文件

下面以第 3 章的"百叶窗"为例介绍导出 JPG 图像的具体操作。

①　单击【文件】菜单【导出】子菜单中的【导出图像】命令，弹出"导出图像"对话框，如图 6-4 所示。

②　在"保存在"下拉列表中选择导出图像的保存路径，在"文件名"下拉列表框中输入导出图像的名称。

③　在"保存类型"下拉列框表中有 SWF、Adobe FXG(＊. fxg)、位图(＊. bmp)、JPEG图像、GIF 图像、PNG(＊. png)等文件类型，此处以选择"JPEG 图像(＊. jpg, ＊. jpeg)"为例，如图 6-5 所示。

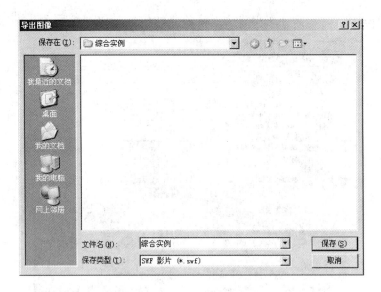

图 6-4 "导出图像"对话框一

图 6-5 "导出图像"对话框二

④ 单击"保存"按钮,弹出"导出 JPEG"对话框,可以在其中设置导出图像的各种参数,如图 6-6 所示。

图 6-6　"导出 JPEG"对话框

⑤ 单击"确定"按钮，出现一个"正在导出"进度条，如图 6-7 所示，然后 jpg 图像就生成了。

图 6-7　"正在导出"进度条

6.2.2　导出视频和音频文件

另外，我们还可以将 Flash 动画导出为影片文件。下面以第 3 章的"百叶窗"为例来说明具体操作步骤。

① 单击【文件】菜单【导出】子菜单中【导出影片】命令，弹出"导出影片"对话框，如图 6-8 所示。

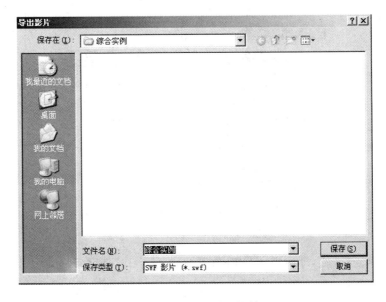

图 6-8　"导出影片"对话框

② 在"保存在"下拉列表中选择影片所要保存的位置,在"文件名"文本框中输入影片的名字。在"保存类型"的下拉列表中有 SWF 影片、Windows AVI(∗.avi)、QuickTime(∗.mov)、GIF 动画(∗.gif),选择所要导出的动画文件的类型,此处以选择"Windows AVI(∗.avi)"为例,如图 6-9 所示。

图 6-9 "导出影片"对话框

③ 单击"保存"按钮,弹出"导出 Windows AVI"对话框,可以在其中设置视频的参数,如图 6-10 所示。

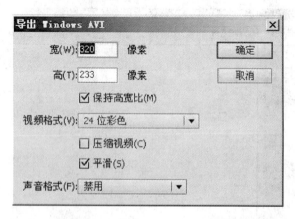

图 6-10 "导出 Windows AVI"对话框

④ 单击"确定"按钮,即出现一个"正在导出 AVI 影片"进度条,如图 6-11 所示。进度条结束后,动画便在指定位置生成了。

图 6-11 "正在导出 AVI 影片"进度条

6.3 Flash 影片的发布

Flash 动画制作完成后,经过优化并测试无误后,除了可以进行导出操作外,还可以直接将影片发布为 swf、html、gif、jpg、png 等格式。下面以第 3 章的"百叶窗"为例,说明动画的发布过程。

6.3.1 发布为动画文件

如果要将文件发布为动画文件,供其他用户或应用程序调用,则可以执行如下操作。

① 单击菜单栏中的【文件】菜单中【发布设置】命令,弹出"发布设置"对话框,可以进行文件格式的设置,如图 6-12 所示。

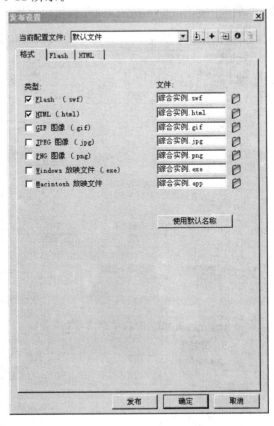

图 6-12 "发布设置"对话框

② 格式选项卡设置。

类型:通过单击勾选指定发布的文件格式。系统默认是"Flash(.swf)"和"HTML(.html)"两种类型。

文件:用于设置文件名。单击其右侧的 图标"选择发布目标"按钮,在弹出的对话框中可以设置发布文件的保存位置。默认情况下,发布文件会自动保存到与.fla 文件相同的位置。

③ 单击对话框中的"发布"按钮,即出现一个"正在发布"进度条,如图 6-13 所示,文档将被发布到指定位置。

图 6-13 "正在发布"进度条

6.3.2 发布为 Flash 文件

如果要将文件发布为 Flash 文件,供以后编辑使用,则应执行如下操作。

(1) 单击菜单栏中【文件】菜单中的【发布设置】命令,弹出一个"发布设置"对话框进行文件格式设置,见图 6-12。

(2) 在"发布设置"对话框中单击 Flash 选项卡,进行相应设置,如图 6-14 所示。

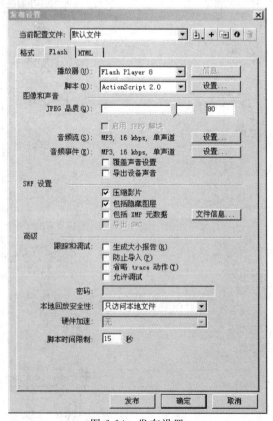

图 6-14 发布设置

① 播放器：单击此处，用户可以根据情况从弹出菜单中选择 Flash 播放器的版本。

② 脚本：单击此处，从弹出的菜单中选择 ActionScript 版本。如果选择 ActionScript 2.0 或 3.0 并创建了类，则单击"设置"来设置类文件的相对类路径，该路径与在"首选参数"中设置的默认目录的路径不同。

③ JPEG 品质：用于控制位图压缩。图像品质越低，生成的文件就越小；图像品质越高，生成的文件就越大。调整"JPEG 品质"滑块或输入一个值，尝试不同的设置，以便确定在文件大小和图像品质之间的最佳平衡点；值为 100 时图像品质最佳，压缩比最小。

若要使高度压缩的 JPEG 图像显得更加平滑，请选择"启用 JPEG 解块"。此选项可减少由于 JPEG 压缩导致的典型失真，如图像中通常出现的 8×8 像素的马赛克。选中此选项后，一些 JPEG 图像可能会丢失少量细节。

④ 音频流/音频事件：用于为影片中的所有声音流或声音事件设置采样率和压缩，单击"音频流"或"音频事件"右侧的"设置"按钮，在弹出的"声音设置"对话框中设置影片中的声音压缩格式、比特率和品质等。

- 覆盖声音设置：勾选该项，则不使用库中设定好的各种音频属性，而统一使用该设置。如果取消选择"覆盖声音设置"选项，则 Flash Professional 会扫描文档中的所有声音流，然后按照各设置中最高的设置发布所有音频流。如果一个或多个音频流具有较高的导出设置，则可能增加文件大小。
- 导出设备声音：勾选该项，可以导出适合于设备的声音而不是原始库声音。

⑤ SWF 设置：用于设置导出 SWF 文件的相关选项。

- 压缩影片：勾选该项，压缩 SWF 文件可以减小文件大小和缩短下载时间；当文件包含大量文本或 ActionScript 时，适宜选用该项。经过压缩的文件只能在 Flash Player 6 或更高版本中播放。系统默认勾选该项。
- 包括隐藏图层：勾选该项，则导出 Flash 文档中所有隐藏的图层。反之，则阻止把生成的 SWF 文件中标记为隐藏的所有图层导出。
- 包括 XMP 元数据：默认情况下，将在"文件信息"对话框中导出输入的所有元数据。单击"文件信息"按钮打开此对话框。
- 导出 SWC：导出 SWC 文件，该文件用于分发组件。SWC 文件包含一个编译剪辑、组件的 ActionScript 类文件，以及描述组件的其他文件。

⑥ 跟踪和调试：用于高级设置或启用对已发布 Flash SWF 文件的调试操作。

- 生成大小报告：勾选该项，按文件列出最终 Flash 内容中的数据量生成一个文本文件的报告。
- 防止导入：勾选该项，可以防止导入 SWF 文件并将其转换为 FLA 文件。可以在文本框中设置密码来保护文件。
- 省略 trace 动作：勾选该项，测试影片时，Flash 将忽略当前 SWF 文件中的跟踪动作。
- 允许调试：勾选该项，可以激活调试器并允许远程调试 Flash SWF 文件。

⑦ 密码：在文本框中输入密码可以保护文件。

⑧ 本地回放安全性：在弹出的下拉列表中若选择"只访问本地"可使已发布的 SWF 文件与本地系统上的文件和资源交互，但不能与网络上的文件和资源交互；若选择"只访问网络"可使已发布的 SWF 文件与网络上的文件和资源交互，但不能与本地系统上的文件和资

源交互。

⑨ 硬件加速:若要使 SWF 文件能够使硬件加速,请从【硬件加速】菜单中选择下列选项之一。

- 第 1 级:"直接"模式通过允许 Flash Player 在屏幕上直接绘制,而不是让浏览器进行绘 制,从而改善播放性能。
- 第 2 级 :GPU 在"GPU"模式中,Flash Player 并对图层化图形进行复合。根据用户的图形硬件的不同,这将提供更高一级的性能优势。

⑩ 脚本时间限制:用于设置脚本在 SWF 文件中执行时可占用的最大时间量,默认为 15 s。

(3) 设置完成后,单击对话框下方的"发布"按钮,将文件发布为 SWF 文件。

6.3.3 发布为 HTML 文件

许多 Flash 动画设计者,是为了更好地在网络上传播或使用,经常将 Flash 动画发布为 HTML 格式文件,具体操作如下。

(1) 单击菜单栏【文件】中的【发布设置】命令,弹出"发布设置"对话框。

(2) 在"发布设置"对话框中单击 HTML 选项卡,进行相应设置,如图 6-15 所示。

① 模板:默认选项是"仅 Flash"。单击下拉菜单中有多种模板选项可以选择。用户可根据需要选择不同的模板,单击右侧的"信息"按钮,可弹出相应模板的对应信息。

② 尺寸:用于设置 HTML 文件的尺寸,共有 3 种选择。

- 匹配影片:系统默认时的选项,使用当前影片的大小。
- 像素:输入宽度和高度的像素数量。
- 百分比:指定 SWF 文件所占浏览器窗口的百分比。

③ 回放:用于设置浏览器中 Flash 播放器的相关属性。

- 开始时暂停:勾选该项,开始时暂停播放 SWF 文件,直到用户单击按钮或从快捷菜单中选择"播放"后才开始播放。默认时该选项未选中,即加载内容后就立即开始播放(Play 参数 设置为 True)。
- 显示菜单:勾选该项,在发布的影片中单击鼠标右键,弹出一个用于控制放大、缩小、品质以及打印等设置的快捷菜单。
- 循环:勾选该项,影片播放到最后一帧会重复播放。
- 设备字体:勾选该项,用消锯齿的系统字体替换未安装在用户系统上的字体,只适用于 Windows 环境。

④ 品质:用于设置 Flash 动画的播放质量,单击该处,在弹出的下拉列表中可以进行不同品质的设置。

⑤ 窗口模式:用于决定 HTML 页面中 Flash 动画背景透明的方式,有"窗口"、"不透明无窗口"和"透明无窗口"3 个选项。

⑥ HTML 对齐:用于设置 Flash 动画在 HTML 页面中的对齐方式,有"默认值"、"左对齐"、"右对齐"、"顶部"、"底部"5 个选项。

⑦ 缩放:用于设置 HTML 页面中 Flash 动画的缩放方式,有"默认(显示全部)"、"无边框"、"精确匹配"和"无缩放"4 个选项。

⑧ Flash 对齐：用于设置 Flash 动画在窗口中的位置，可以设置其放置的位置，也可以进行影片边缘的裁剪。

（3）设置完成后，单击"发布"按钮，将文件发布为 HTML 文件。

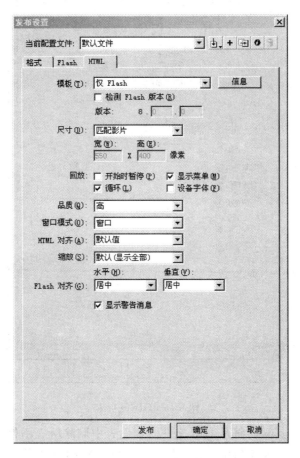

图 6-15　HTML 选项卡

6.3.4　发布为 GIF 文件

（1）单击菜单栏中的【文件】菜单中【发布设置】命令，弹出"发布设置"对话框，见图 6-12。在"发布设置"对话框中勾选"类型"下的"GIF 图像"选项，单击 GIF 选项卡，如图 6-16 所示。

① 尺寸：用于设置发布 GIF 文件的大小。

• 宽与高：用于设置发布文件的宽度与高度，以像素为单位。

• 匹配影片：勾选该项，则发布的文件与影片大小相同或者保持相同的宽高比。

② 回放：用于选择是播放静止图像还是 GIF 动画。

• 静态：勾选该项，则创建的是静止图像。

• 动画：勾选该项，则创建的为 GIF 动画，并且在右侧可以设置动画"不断循环"和"重复"次数。

③ 选项：用于设置导出的 GIF 文件的外观。

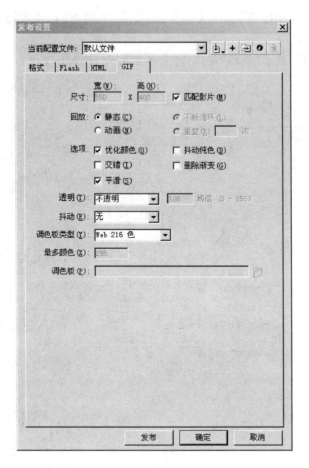

图 6-16 GIF 选项卡

- 优化颜色:勾选该项,将从 GIF 文件的颜色表中删除所有不使用的颜色。此选项能够减小文件大小却不影响图像品质,只是稍微提高了内存需求。
- 抖动纯色:勾选该项,将抖动应用于纯色和渐变色。
- 交错:勾选该项,下载导出 GIF 文件时,在浏览器中逐步显示该文件,使用户能在文件完全下载之前就能看到基本的图形内容,并能在较慢的网络连接中以更快的速度下载。
- 删除渐变色:勾选该项,使渐变中的第一种颜色将 SWF 文件中的所有渐变填充转换为纯色。渐变会增加 GIF 文件的大小,而且通常品质欠佳。
- 平滑:勾选该项,消除导出位图的锯齿,以生成品质更高的位图图像,并改善文本的显示品质。但是,平滑可能会导致彩色背景上已消除锯齿的图像周围出现灰色像素的光晕,并且会增加 GIF 文件的大小。如果出现光晕,或者要将透明的 GIF 放置在彩色背景上,则在导出图像时不要选择平滑操作。
④ 透明:用于确定应用程序背景的透明度以及将 Alpha 设置转换为 GIF 的方式。
- 不透明:选择该项,可以使背景变为纯色。
- 透明:选择该项,可以使背景透明。
- Alpha:选择该项,设置局部透明度。可以输入一个介于 0～255 的阈值。值越低,透明度越高,值 128 对应 50% 的透明度。

⑤ 抖动:用于指定如何组合可用颜色的像素以模拟当前调色板中不可用的颜色,可以改善颜色的品质,但是也会增加文件大小。

- 无:选择该项,关闭抖动,并用基本颜色表中最接近指定颜色的纯色替代该表中没有的颜色。如果关闭抖动,则产生的文件较小,但颜色不能令人满意。
- 有序:选择该项,提高最佳品质的抖动,同时文件大小的增长幅度也最小。
- 扩散:选择该项,提供最佳品质的抖动,但会增加文件大小并延长处理时间,而且只有选定"Web216 色"调色板时才起作用。

⑥ 调色板类型:用于定义图像的调色板。

- Web216 色:选择该项,使用标准的 216 色浏览器安全调色板来创建 GIF 图像,这样会获得较好的图像品质,并且在服务器上的处理速度也最快。
- 最合适:选择该项,会分析图像中的颜色,并为选定的 GIF 文件创建一个唯一的颜色表。此选项对于显示成千上万种颜色的系统而言最佳,它可以创建最精确的图像颜色,但会增加文件大小。
- 接近 Web 最适色:选择该项,将接近的颜色转换为 Web216 色调色板。生成的调色板已针对图像进行优化,但 Flash 会尽可能使用 Web216 色调色板中的颜色。如果在 256 色系统上启用了 Web216 色调色板,此选项将使图像的颜色更出色。
- 自定义:选择该项,在最下方的"调色板"选项中单击 ▨ 按钮,在弹出的"打开"对话框中可以自由选择已经针对图像优化的调色板(也称颜色表,其格式为 *.ACT)。自定义的调色板处理速度与 Web216 色调色板的处理速度相同。

⑦ 最多颜色:只有勾选前面的"调色板类型"中的"最合适"或"接近 Web 最适色"选项时该项才可用,用于设置 GIF 图像中使用的颜色数量。选择的颜色数量较少,则生成的文件也较小,但可能会降低图像的颜色品质。

(2) 设置完成后,单击对话框下方的"发布"按钮,将文件发布为 GIF 文件。

6.3.5 发布为 JPEG 文件

单击菜单栏【文件】中的【发布设置】命令,弹出"发布设置"对话框,勾选"类型"下的"JPEG 图像(.jpg)",从而显示 JPEG 选项卡,如图 6-17 所示。

(1) 在 JPEG 选项卡中,进行相应的设置。

① 尺寸:用于设置发布 JPEG 文件的大小,参数设置与前面介绍相同。

② 品质:用于拖动或输入值,从而控制 JPEG 文件的压缩量;图像品质越低,则文件体积越小,反之文件体积就越大。

③ 渐进:勾选该项,可以在 Web 浏览器中逐步显示渐进的 JPEG 图像,因此可以在低速网络连接上以较快的速度显示加载的图像,与前面介绍的"交错"选项类似。

(2) 设置完成后,单击对话框下方的"发布"按钮,将文件发布为 JPEG 文件。

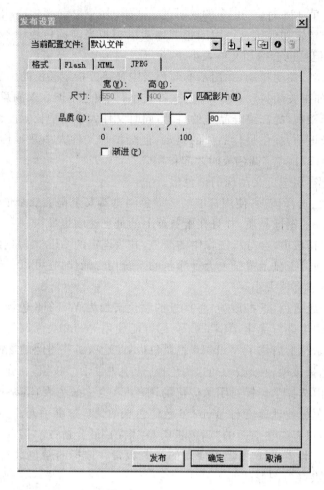

图 6-17　JPEG 选项卡

6.3.6　发布为 PNG 文件

单击菜单栏【文件】中【发布设置】命令,弹出"发布设置"对话框,在其中勾选"类型"下的"PNG 图像(.png)",从而显示 PNG 选项卡,如图 6-18 所示。

(1) 在 PNG 选项卡中,进行相应的设置。

① 位深度:用于设置创建图像时要使用的每个像素的位数和颜色数。位深度越高,文件体积就越大。

- 8 位:选择该项,用于 256 色图像。
- 24 位:选择该项,用于数千万种颜色的图像。
- 24 位 Alpha:选择该项,用于数千万种颜色并带有透明度(32bpc)的图像。

② 过滤器选项:选择一种逐行过滤方法使 PNG 文件的压缩性更好,并用特定图像的不同选项进行实验。

- 无:选择该项,可以关闭过滤功能。
- 下:选择该项,可以传递每个字节和前一像素相应字节的值之差。

- 上：选择该项，可以传递每个字节和它上面相邻像素的相应字节的值之差。
- 平均：选择该项，可以使用两个相邻像素的平均值来预测该像素的值。
- 线性函数：选择该项，可以计算 3 个相邻像素（左侧、上方、左上方）的简单线性函数，然后选择最接近计算值的相邻像素作为颜色的预测值。
- 最合适：选择该项，可以分析图像中的颜色，并为所选 PNG 文件创建一个唯一的颜色表。

（2）设置完成后，单击对话框下方的"发布"按钮，将文件发布为 PNG 文件。

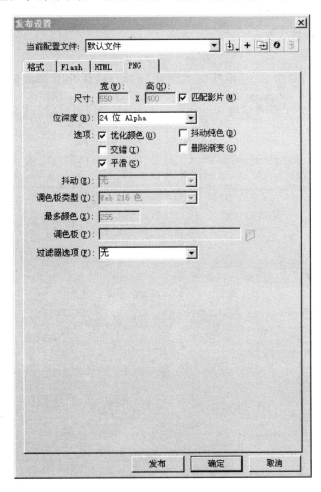

图 6-18　PNG 选项卡

思考与练习

一、单项选择题

1. Flash 源文件的保存格式为（　　）。

  A. avi　　　　　　　　B. png　　　　　　　　C. jpg　　　　　　　　D. fla

2. （   ）组合键可以测试影片。

    A. Ctrl＋Enter   B. Ctrl＋Shift＋C

    C. Ctrl＋V   D. Ctrl＋Shift＋C

3. Flash 影片发布格式有多种，最常用的格式是（   ）。

    A. avi   B. png   C. swf   D. fla

二、填空题

1. Flash 影片优化中，优化的对象有多种，包括_____、_____、_____、_____、_____、_____等对象。

2. Flash 影片的发布格式有_____、_____、_____、_____、_____。

三、操作题

    打开 Flash CS5，制作一个"地球绕太阳转"的动画，优化并测试后，发布为 HTML 文件，保存至"D:\dh"。

第 7 章　Flash 动画综合应用设计

7.1　案例 1——朱自清《荷塘月色》片段动画设计

　　设计思想：该案例通过创建多个影片剪辑元件和图形元件，构建整个荷塘月色夜景——明亮的月亮缓缓移动，月光下的小桥、荷塘内的荷花，随着微风轻轻摆动，美丽的夜景中，诵读着朱自清的散文《荷塘月色》，给人一种美的享受。实例运行效果如图 7-1 所示。

图 7-1　荷塘月色动画效果图

具体操作步骤如下。

　　① 在 Flash CS5 中创建新文档，将文档尺寸设置为：750×600 像素，背景色设置为"黑色"，如图 7-2 所示。

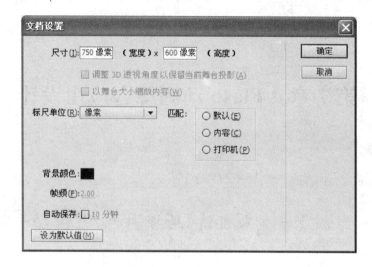

图 7-2　设置文档属性

② 单击【插入】菜单中的【新建元件】命令，弹出"创建新元件"对话框，在名称框中输入"倒影"，单击类型下拉框后选择"影片剪辑"项，单击"确定"按钮，完成元件创建，如图 7-3 所示。

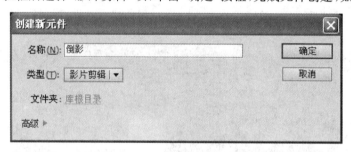

图 7-3　创建新元件

③ 进入"倒影"元件的编辑模式，单击"图层 1"的第 1 帧绘制或导入"山的倒影"图像，如图 7-4 所示。

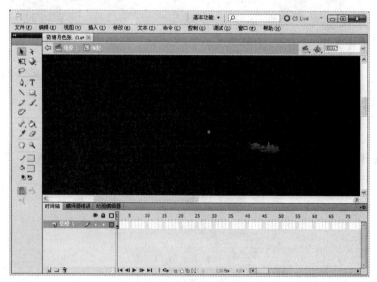

　　　　　　　　　　　　图 7-4　创建倒影元件

④ 创建影片剪辑元件"山",进入影片剪辑编辑模式;在"图层 1"第 1 帧绘制或导入"山"图像,单击【窗口】菜单【库】命令,打开"库"面板,将影片剪辑元件"倒影"拖放至合适位置,如图 7-5 所示。

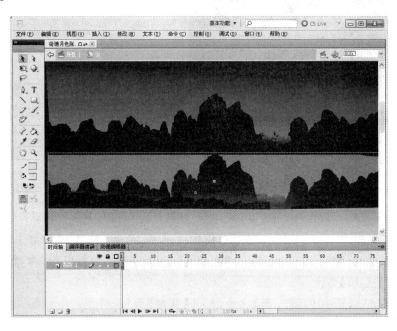

图 7-5 导入山倒影元件

⑤ 单击【窗口】菜单中的【变形】命令,打开"变形"面板,单击"倾斜"选项,将倾斜角度设置为"180",如图 7-6 和图 7-7 所示。

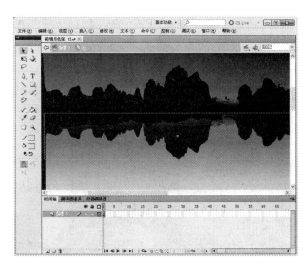

图 7-6 变形面板设置　　　　　　　　　图 7-7 倾斜后的倒影效果

⑥ 创建影片剪辑"桥",单击"图层 1"第 1 帧,绘制或导入"桥"图像素材,如图 7-8 所示。

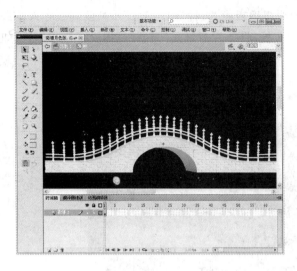 

图 7-8　创建桥影片剪辑图　　　　　　　　图 7-9　设置花苞倾斜

⑦ 新建"荷苞"影片剪辑，进入影片剪辑编辑模式，单击"图层 1"的第 1 帧绘制或导入"荷苞"图像素材，分别在第 15 帧、第 30 帧、第 45 帧、第 55 帧右击鼠标，在弹出的快捷菜单中选择【插入关键帧】命令，插入关键帧。

⑧ 单击【窗口】菜单中的【变形】命令，打开【变形】面板，分别在不同的关键帧处设置小角度的倾斜，如图 7-9 所示。

⑨ 在各关键帧之间右击鼠标，在弹出的快捷菜单中选择【创建传统补间】动画，实现一种花苞随微风左右摆动的效果，如图 7-10 所示。

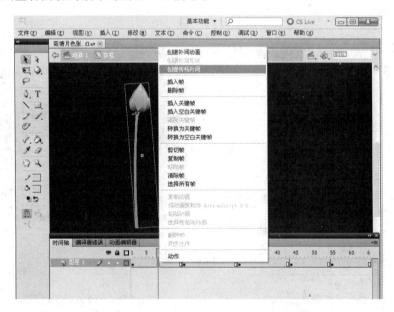

图 7-10　创建传统补间动画

⑩ 新建"荷花"影片剪辑，进入影片剪辑编辑模式，单击"图层 1"的第 1 帧绘制或导入"荷花"图像素材，分别在第 15 帧、第 30 帧、第 45 帧、第 55 帧右击鼠标，在弹出的快捷菜单

中选择【插入关键帧】命令,插入关键帧;执行类似于第⑧步、第⑨步的操作,完成荷花【传统补间动画】的操作,如图7-11所示。

图7-11　创建"荷花"影片剪辑

⑪ 新建"荷叶1"影片剪辑,进入影片剪辑编辑模式,单击"图层1"的第1帧绘制或导入"荷叶1"图像素材,分别在第35帧、第70帧处右击鼠标,在弹出的快捷菜单中选择【插入关键帧】命令,插入关键帧;执行类似于第⑧步、第⑨步的操作,完成"荷叶1"传统补间动画的操作,如图7-12所示。

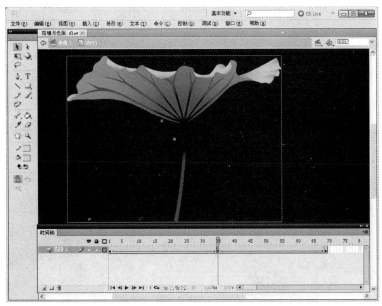

图7-12　创建"荷叶1"影片剪辑

⑫ 新建"荷叶 2"影片剪辑,单击"图层 1"的第 1 帧绘制或导入"荷叶 2"图像素材,分别在第 25 帧、第 50 帧处右击鼠标,在弹出的快捷菜单中选择【插入关键帧】命令,插入关键帧;执行类似于第⑧步、第⑨步的操作,完成"荷叶 2"传统补间动画的操作,如图 7-13 所示。

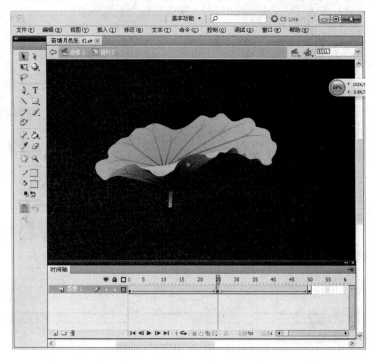

图 7-13 创建"荷叶 2"影片剪辑

⑬ 单击【文件】菜单中【导入】子菜单中的【导入到库】命令,将提前录制的朱自清的散文片段"htys. wav"导入到库面板中,如图 7-14 所示。

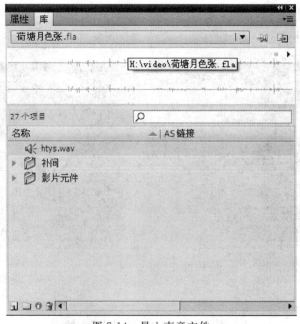

图 7-14 导入声音文件

⑭ 新建影片剪辑"片段",进入影片剪辑编辑模式,在"图层 1"的第 25 帧按下 F6 键插入关键帧,选择【工具箱】中的文字工具 T,设置文本属性,如图 7-15 所示;输入朱自清的《荷塘月色》片段,按下 Ctrl＋B 组合键将文本分离为单个文字块,如图 7-16 所示。

 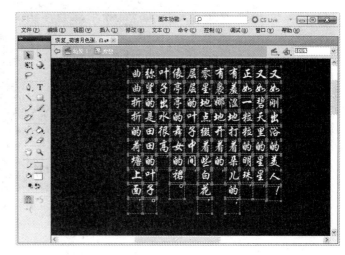

图 7-15　设置文本属性　　　　　　　　　　图 7-16　输入《荷塘月色》片段

⑮ 在"图层 1"的第 25 帧至第 111 帧处全部插入关键帧,单击第 25 帧,只保留文字块"曲",删除其余所有文字块;以此类推,在第 111 帧处显示所有文字快,生成逐帧文字动画。

⑯ 在"图层 1"上右击鼠标,在弹出的快捷菜单中,选择【插入图层】命令,插入"图层 2",单击第 1 帧,将库面板中的声音文件" htys.wav"拖放至舞台,如图 7-17 所示。

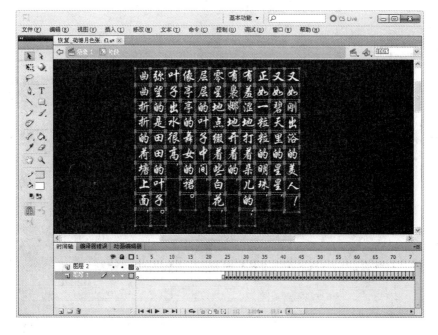

图 7-17　插入声音文件

⑰ 在"图层 2"的第 111 帧插入帧,产生和文字片段同步的动画效果。

⑱ 选择"椭圆"工具,设置渐变填充色,绘制大小不一的圆形,再通过部分选取工具,使圆形变形,如图 7-18 所示。

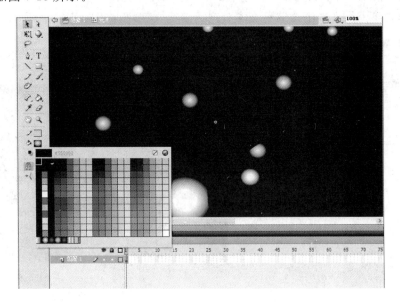

图 7-18　绘制光点

⑲ 创建名为"月亮"的影片剪辑,进入影片剪辑编辑模式,单击"月光"图层的第 1 帧,绘制"月亮",分别在第 45 帧和第 90 帧按下 F6 键插入关键帧;单击第 45 帧,将"月亮"移动一定位置;单击第 100 帧,将"月亮"继续移动一定位置,在各关键帧之间任意位置右击鼠标,在弹出的快捷菜单中,选择【创建传统补间】动画,如图 7-19 所示。

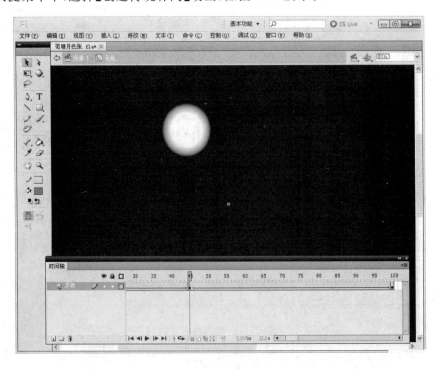

图 7-19　创建月亮影片剪辑

⑳ 创建名为"浮萍"的图形元件,单击第 1 帧,绘制或导入"浮萍"素材,如图 7-20 所示。

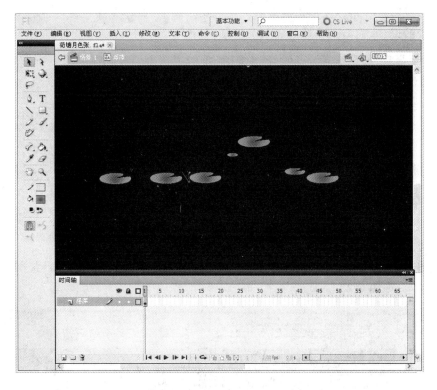

图 7-20　创建浮萍图形元件

㉑ 全部元件已经创建完成,单击【窗口】菜单的【库】命令,打开库面板,如图 7-21 所示。

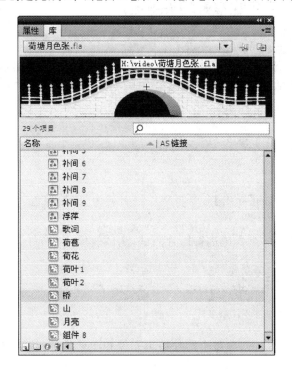

图 7-21　库面板

㉒ 在时间轴中依次创建图层并命名为："山"、"月亮"、"浮萍"、"桥"、"荷花"、"荷叶"、"光点"、"遮罩"，依次将各元件拖放至各图层的第 1 帧上，调整元件在舞台中的位置，完成荷塘月色风景的设计，在第 100 帧处插入关键帧，如图 7-22 所示。

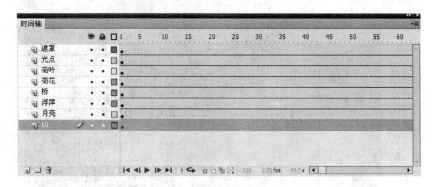

图 7-22　在时间轴中创建各图层

㉓ 单击"遮罩"层第 1 帧，创建填充色为黑色中空矩形图形，正好将舞台包围在四周，突出夜景的景色，如图 7-23 所示。

图 7-23　创建遮罩层

㉔ 单击【文件】菜单的【导出】命令将文件导出名为"荷塘月色.swf"的影片，并将文件另存为"荷塘月色.fla"。

㉕ 按下 Ctrl＋Enter 组合键进行影片测试，测试效果见图 7-1。

7.2　案例 2——香水广告动画设计

设计思想：该案例通过创建多个影片剪辑元件和图形元件，构建整个产品展示过程。通过优美的画面和快慢结合的动画效果展示魅力香水这一产品，给人较强的视觉冲击力，让人过目不忘。具体效果如图 7-24 所示。

图 7-24　香水广告动画效果图

具体操作步骤如下。

① 新建一个 ActionScript 2.0 文档,宽为 550 像素,高为 400 像素,其他属性默认。

② 选择【文件】菜单【导入】子菜单中【导入到舞台】命令,将图像导入舞台,如图 7-25 所示。

图 7-25　背景图片

③ 单击该图像,在其属性面板中设置大小和位置,如图 7-26 所示。

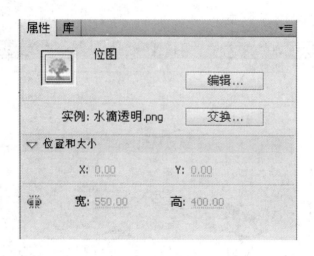

图 7-26 背景图像属性面板

④ 新建一个图层,命名为"柔和的晨雾"。在第 22 帧插入关键帧,在舞台中输入文本"与柔和的晨雾一般清新",右击鼠标,在弹出的快捷菜单中单击【转换为元件】命令,将其转换为图形元件。

⑤ 调整"柔和的晨雾"图形元件的大小,并设置透明度为 0。鼠标右键单击该图形元件,在弹出的快捷菜单中选择【任意变形】命令,将元件中心移动到的最左边,按住元件的右边缘向左拖动,调整其宽度为 5 个像素,如图 7-27 所示。

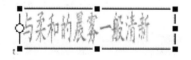

图 7-27 拖动时元件状态

⑥ 在第 55 帧插入一个关键帧,调整"柔和的晨雾"元件的宽度为 210 像素,Alpha 值为 100%。

⑦ 右键单击"柔和的晨雾"图层第 22 帧,在弹出的快捷菜单中选择"创建传统补间"命令。

⑧ 新建一个图层,命名为"拉",在第 55 帧插入关键帧,在舞台中输入文本"拉",并将其转换为图形元件。

⑨ 调整舞台中"拉"图形元件的大小、位置和色彩信息,如图 7-28 所示,使该元件处于舞台之外。

⑩ 新建一个图层,命名为"近",在该图层的第 55 帧插入关键帧,在舞台中输入文本"近",并将其转换为图形元件。

⑪ 调整舞台中"近"图形元件的大小、位置和色彩信息,如图 7-29 所示,使该元件处于舞台之外。

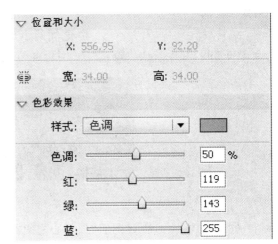

图 7-28　"拉"元件属性　　　　　　　　　　图 7-29　"近"元件属性

⑫ 在"拉"图层的第 70 帧和"近"图层的第 70 帧,分别插入一个关键帧,分别调整两个帧中图形的位置和色彩信息,得到如图 7-30 所示的效果。

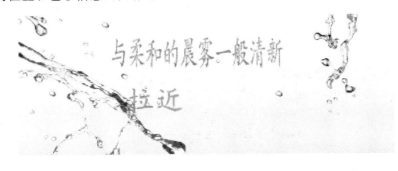

图 7-30　"拉"、"近"的相对位置

⑬ 右键单击"拉"图层的第 55 帧,在弹出的快捷菜单中选择"创建传统补间"命令;右键单击"近"图层的第 55 帧,在弹出的快捷菜单中选择"创建传统补间"命令。时间轴状态如图 7-31 所示。

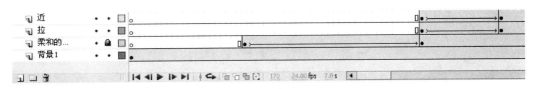

图 7-31　时间轴状态

⑭ 利用 Photoshop 图像处理软件中的【自定义图形】工具,制作一个无背景色的红色心形图像,将其存储为名为"心"的 png 文件(该心形图像也可以利用 Flash 软件中的【椭圆】工具和【钢笔】工具制作而成)。

⑮ 选择【插入】菜单【新建元件】命令,新建图形元件"两颗心之间的距离",并进入该元件编辑模式。

⑯ 选择【文件】菜单【导入】子菜单中【导入到舞台】命令,将第⑭步制作的心形图像导入

到舞台。

⑰ 在舞台中输入文本"两颗 之间的距离",字体为"楷体_GB2312",大小为 24 点,颜色为♯006699,其他默认。调整"心"图像的位置到该文本中间的空白处,如图 7-32 所示。

图 7-32　文本和图形的组合

⑱ 返回场景 1,新建图层"两颗心之间的距离",在第 75 帧插入关键帧。

⑲ 打开"库"面板,把元件"两颗心之间的距离"拖入到舞台,并调整位置、大小和透明度,如图 7-33 所示。

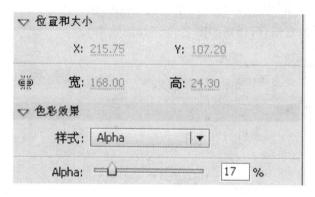

图 7-33　第 75 帧元件的部分属性

⑳ 在第 90 帧插入关键帧,调整元件"两颗心之间的距离"的位置、大小和透明度,如图 7-34 所示。

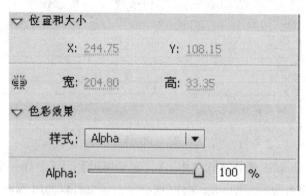

图 7-34　第 90 帧元件的部分属性

㉑ 右键单击第 75 帧,创建传统补间动画。

㉒ 新建图形元件"恋人",进入编辑状态,导入"恋人"图像到舞台,如图 7-35 所示。

图 7-35　处理前"恋人"图像

㉓ 选中"恋人"图像,按 Ctrl＋B 组合键将其分离。

㉔ 利用椭圆工具制作一个无填充色的圆形,如图 7-36 所示。取消填充色应选择【填充颜色】面板中的 ▱ 按钮,如图 7-37 所示。

图 7-36　绘制的圆形

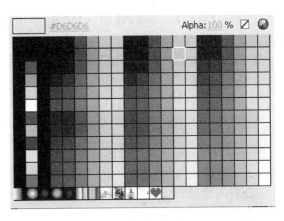

图 7-37　【填充颜色】面板

㉕ 单击选中"恋人"图像处于圆之外的部分,按 Delete 键删除,得到如图 7-38 所示的图像。

图 7-38　处理后"恋人"图像

㉖ 返回场景 1,新建图层"恋人",在第 80 帧处插入关键帧,从库中将"恋人"元件拖入到舞台,设置其属性如图 7-39 所示。

㉗ 在第 125 帧插入关键帧,设置"恋人"元件属性如图 7-40 所示。

图 7-39　第 80 帧"恋人"实例属性

图 7-40　第 125 帧"恋人"实例属性

㉘ 鼠标右键单击第 80 帧,在弹出的快捷菜单中单击【创建传统补间】命令,创建补间动画。

㉙ 新建图形元件"圆形光",进入编辑状态。选择【修改】菜单中的"文档"命令,将文档的背景色设置为"黑色"。

㉚ 单击椭圆工具 ,按下 Shift 键,在舞台中拖出一个正圆。

㉛ 选择【窗口】菜单中的【颜色】命令,弹出"颜色"面板,选择颜色类型为"径向渐变"。填充颜色设置如图 7-41 所示。

㉜ 单击油漆桶工具 ,在圆形内部单击,给"圆形"填充设置好的颜色。

㉝ 单击圆形边缘线,按 Delete 键删除。

㉞ 新建影片剪辑"圆形发光底"。将"圆形光"元件拖入到舞台,设置其大小等属性。

㉟ 在第 20 帧插入关键帧,修改"圆形光"元件的色彩效果,如图 7-42 所示。

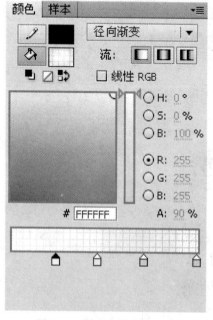

图 7-41　圆形光填充色设置

图 7-42　"圆形光"元件的色彩效果

㊱ 复制第 1 帧,在第 40 帧处粘贴帧。

㊲ 右键单击第 1 帧和第 20 帧,分别创建传统补间动画;时间轴状态如图 7-43 所示;做好的"圆形发光底"元件如图 7-44 所示。

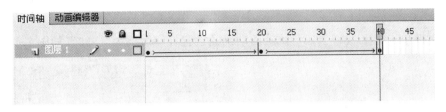

图 7-43 影片剪辑"圆形发光底"时间轴状态

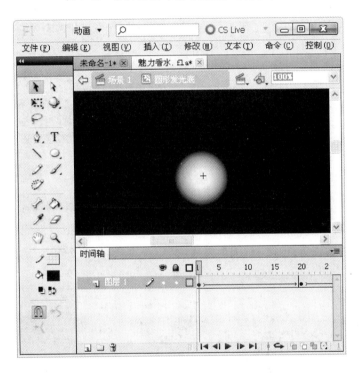

图 7-44 "圆形发光底"影片剪辑

㊳ 返回"场景 1",新建图层"字底发光背景",在第 115 帧插入关键帧,从库中将影片剪辑"圆形发光底"拖入到舞台,调整大小和位置,如图 7-45 所示。

㊴ 新建"水滴"元件,在舞台中制作或导入水滴图像,如图 7-46 所示。

图 7-45 "圆形发光底"实例属性   图 7-46 "水滴"图像

㊵ 返回"场景 1",新建图层"水滴 1",在第 95 帧处插入关键帧,将"水滴"元件拖放至舞台上方,位置和大小信息如图 7-47 所示。

㊶ 在第 115 帧插入关键帧,将"水滴"元件拖入到舞台中与"圆形发光底"元件的位置重合。

㊷ 右键单击第 95 帧,创建传统补间动画。设置补间缓动为"－98",如图 7-48 所示。

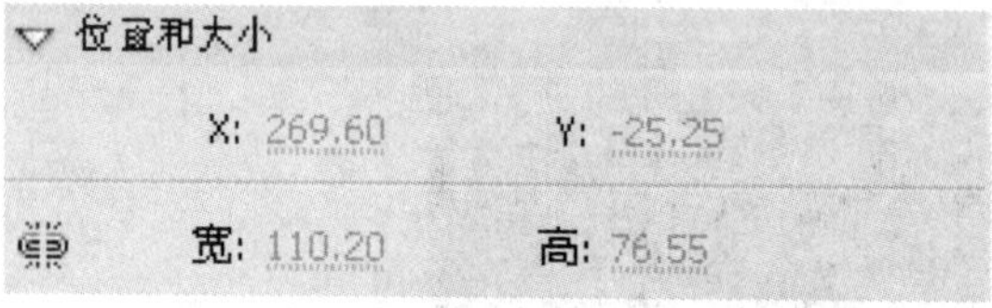

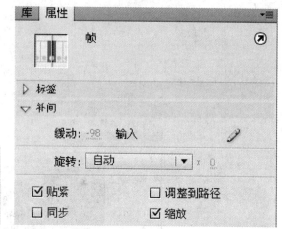

图 7-47 "水滴"元件的属性

图 7-48 补间属性面板

㊸ 在图层"水滴"上方插入图形元件"魅",在舞台中输入文本"魅"。

㊹ 返回"场景 1",新建图层"魅",在第 115 帧插入关键帧,把图形元件"魅"从"库"面板拖放至舞台,调整其位置,使之与"圆形发光底"位置重合,如图 7-49 所示。

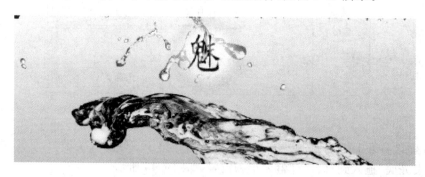

图 7-49 舞台中的"魅"实例

㊺ 按照制作"魅"字及其发光背景的制作过程,依次制作"力"、"香"、"水"等字及其发光背景。完成后,时间轴相关部分的状态如图 7-50 所示,场景中 4 个字的位置关系如图 7-51 所示。

㊻ 利用图像处理软件 Photoshop 抠出魅力香水瓶的图像,保存为"魅力香水.png"文件。使用 Flash 软件中的导入命令,将该文件导入到"库"面板中。

㊼ 新建一个"图形"元件,命名为"星星",在舞台中利用椭圆工具和颜料桶工具制作出如图 7-52 所示的星星图形。

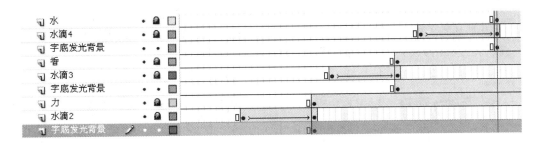

图 7-50　部分时间轴状态

图 7-51　舞台中的"魅力香水"

㊽ 新建一个影片剪辑元件,命名为"魅力香水闪光"。

㊾ 单击"图层 1"的第 1 帧,从"库"面板中将"魅力香水"图像拖入到舞台,在第 25 帧处插入帧。

㊿ 新建"图层 2",单击第 1 帧,将库中的"星星"元件拖入到舞台,放置在"魅力香水"瓶颈处,并设置适当大小,如图 7-53 所示。

图 7-52　星星图形

图 7-53　"星星"的位置

213

51 分别在第 7 帧、第 13 帧、第 20 帧和第 25 帧插入关键帧,在每一帧中都使"星星"旋转一定的角度,并修改其色调或者透明度,使之出现闪烁的效果。

52 在51步的各个关键帧之间"创建传统补间"动画,如图 7-54 所示。

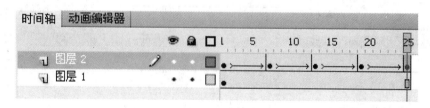

图 7-54 "魅力香水闪光"元件时间轴状态

53 返回"场景 1",新建"魅力香水图"图层,在第 155 帧插入关键帧,将"魅力香水闪光"元件拖到舞台左外侧,将其图像调整的很小,宽 23 像素,高 36 像素。

54 在第 170 帧插入关键帧,将舞台外的"魅力香水闪光"元件拖入到舞台合适位置,并调整其大小,如图 7-55 所示。

图 7-55 舞台中的"魅力香水闪光"实例

55 鼠标右键单击第 155 帧,创建传统补间动画。

56 除了"水滴 1"、"水滴 2"、"水滴 3"、"水滴 4"图层之外,其他图层都在第 300 帧插入帧。至此,该动画的制作步骤全部完成。

57 该动画实例用到的所有元件和图像列表如图 7-56 所示。

58 该动画实例最终时间轴状态如图 7-57 所示。

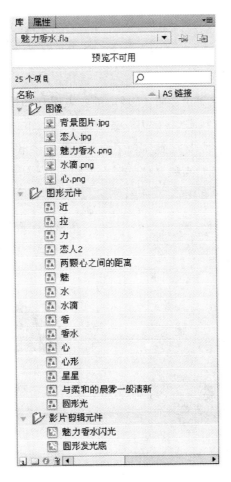

图 7-56 库项目列表

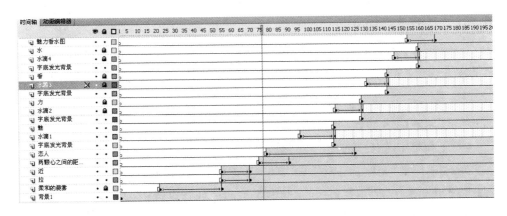

图 7-57 最终时间轴状态

⑤ 按 Ctrl＋Enter 组合键进行影片测试,测试效果见图 7-24。

⑥ 选择【文件】菜单【导出】子菜单中【导出影片】命令,导出 SWF 影片文件"魅力香水.swf"。

⑥ 选择【文件】菜单【另存为】命令,存储 Flash 源文件"魅力香水.fla"。

7.3 案例 3——山东省各城市景点动画设计

设计思想:该案例通过搜集山东省 17 城市的景点图片和城市宣传语,创建多个按钮元件,使用 ActionScript 2.0 书写脚本,在山东省地图中各地市地图上创建交互按钮,实现到各地市景点图片的跳转和返回,较好地实现了交互控制。该案例的成功实现,使更多的欣赏者了解山东,产生游览山东各景点的兴趣。

具体实现效果如图 7-58 和图 7-59 所示。

图 7-58 动画效果图

图 7-59 单击地图中"聊城"按钮后画面

具体操作步骤如下。

① 在 Flash CS5 中创建新文档,将文档尺寸设置为:850×700 像素,背景色设置为"黑色",如图 7-60 所示。

② 单击【文件】菜单中的【导入】命令,将山东省 17 地市图片和山东省地图导入"库"面板中,并单击"库"面板左下角的新建文件夹按钮 ▭ 建立库文件夹,将所有图片拖入库文件夹中,如图 7-61 所示。

③ 单击【插入】菜单中【新建元件】命令,弹出"创建新元件"对话框,在名称框中输入"聊城",在类型下拉框中选择"按钮",单击"确定"按钮,如图 7-62 所示。

④ 进入"示聊城"元件的编辑模式,单击"弹起帧",选择"工具箱"中的矩形工具 ▭ 绘制矩形,将填充色设置为和"山东地图"中聊城区域相同的背景色,单击文字工具 T,输入"聊城",设置文字属性如图 7-63 所示。

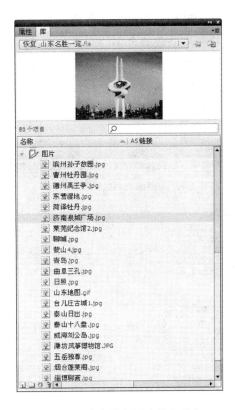

图 7-61　将各城市图片导入到库

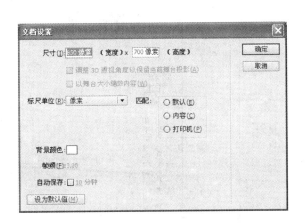

图 7-60　设置文档属性

图 7-63　设置文字属性

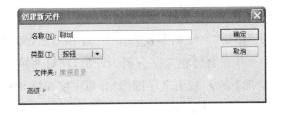

图 7-62　创建"聊城"按钮元件

⑤ 复制时间轴"图层 1"中的"弹起"帧,分别在"指针经过"、"按下"和"点击"帧中粘贴帧,单击选择"指针经过"关键帧,将文字"聊城"适当放大字号,完成"聊城"按钮的创建,如图 7-64 所示。

⑥ 按下 Ctrl 键,依次单击"聊城"按钮元件时间轴"图层 1"中的"弹起"、"指针经过"、"按下"和"点击"帧,右击鼠标,在弹出的快捷菜单中选择【复制】命令;然后,单击【插入】菜单中的【新建元件】命令,依次新建和"聊城地图"中背景色相同的城市的按钮元件"莱芜"、"日

照"和"烟台",分别在新建元件的时间轴中"图层 1"的弹起帧中"粘贴"帧,并在 4 帧关键帧中分别修改舞台中的文字内容,将其改成相应的城市名;依照此方法,以"山东地图"中城市背景色为小组分别创建其余城市按钮元件。所有按钮元件建立完成后,单击【窗口】菜单中的【库】命令,打开"库"面板,建立名称为"按钮"的库文件夹,将所有城市按钮元件拖入其中,如图 7-65 所示。

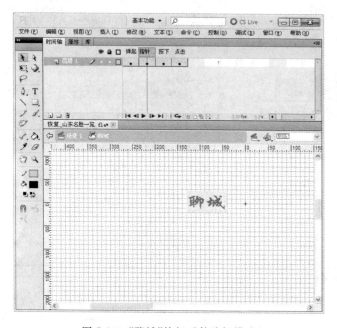

图 7-64 "聊城"按钮元件编辑模式

图 7-65 山东省各地市按钮元件

⑦ 连续两次单击"图层 1",将其重命名为"片头";单击"片头"第 1 帧,选择【文件】菜单中【导入】命令将图片"日出.jpg"导入至舞台,调整图片和舞台尺寸相同,在图片左上角输入文字"山东各城市景点介绍动画欣赏",设置文字字体属性并添加滤镜效果。

⑧ 单击时间轴左下角的新建图层按钮 ,在"片头"上方建立 4 个新图层,分别命名为:"风景"、"遮罩层"、"文字"和"按钮"。单击"文字"图层"第 1 帧",输入文字"好客山东,文化圣地,度假天堂",设置文字属性;按下两次 Ctrl+B 组合键将文字分离为图形,在第 8 帧插入关键帧,选择文字图形右击鼠标,选择【任意变形】命令,放大文字图形;在第 1 帧和第 8 帧之间的任意帧处右击鼠标,选择【创建补间形状】,如图 7-66 所示。

⑨ 单击【插入】菜单中【创建新元件】命令,创建名称为"开始"的按钮元件,如图 7-67 所示。

创建补间动画
创建补间形状
创建传统补间
插入帧
删除帧
插入关键帧
插入空白关键帧
清除关键帧
转换为关键帧
转换为空白关键帧
剪切帧
复制帧
粘贴帧
清除帧
选择所有帧

图 7-66　创建补间形状动画

图 7-67　库中"开始"按钮元件

⑩ 单击"按钮"图层第 8 帧,将"开始"按钮拖放至舞台中"日出"图片的右下角,如图 7-68 所示。并添加代码如下：

```
on (release){
gotoandstop (9);
}
```

图 7-68　舞台中的"开始"按钮

⑪ 单击"片头"图层的第 9 帧,按下 F6 键插入关键帧,将图片"山东地图.jpg"导入至舞台,并在"按钮"图层上方依次创建 17 个图层,各图层以山东 17 城市命名并分别在第 9 帧插入关键帧;单击"聊城"图层的第 9 帧,将"库"面板中的按钮"聊城"拖放至山东地图中聊城区域合适位置;依次单击其余图层的第 9 帧,将相关城市按钮拖放至相关城市区域,完成如图 7-69 和图 7-70 所示。

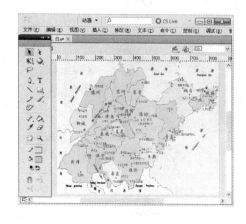

图 7-69 山东地图中的各城市按钮   图 7-70 时间轴中各城市按钮图层

⑫ 鼠标右击"文字"图层第 8 帧,在弹出的快捷菜单中选择【动作】命令,打开"动作"面板,输入脚本"stop();"使得动画播放停止在第 8 帧,等待用户单击"开始"按钮继续进行动画播放,"动作"面板如图 7-71 所示。

⑬ 采用和第⑪步类似的方法,给"片头"图层的第 9 帧添加脚本"stop();",使画面停留在第 9 帧"山东地图"上,等待用户选择要浏览的城市。

⑭ 分别在"风景"图层的第 10 帧、第 26 帧、第 41 帧、第 56 帧、第 71 帧、第 86 帧、第 100 帧、第 115 帧、第 130 帧、第 145 帧、第 160 帧、第 175 帧、第 190 帧、第 206 帧、第 190 帧、第 206 帧、第 221 帧、第 236 帧和第 251 帧依次插入关键帧,并分别将城市图片"聊城"、济南、"青岛"、"滨州"、"菏泽"、"德州"、"东营"、"莱芜"、"临沂"、"济宁"、"枣庄"、"泰安"、"威海"、"潍坊"、"烟台"、"淄博"、"日照"拖入至舞台。需要注意的是,必须按照以上的帧位置插入相应城市图片,不允许颠倒顺序,因为在后面的脚本中将用到各帧的跳转,以展示各城市风景图片。

⑮ 从"山东地图"到各城市的切换效果由"风景"图层和"遮罩"图层共同完成,不同图层作用产生不同的动画效果,给人美的享受。

⑯ 单击"风景"图层第 10 帧,右击鼠标,选择【转换为元件】命令,将"聊城"图片转换为名称为"光岳楼"的图形元件;在"光岳楼"实例上右击鼠标,选择【任意变形】命令,将舞台中的图片缩小至一个小图标,单击该图层第 20 帧将"光岳楼"实例扩大至和舞台大小相同,在第 10 帧至第 20 帧之间任意位置右击鼠标,选择【创建传统补间】命令,单击第 10 帧至第 20 帧中间某帧,效果如图 7-72 所示。

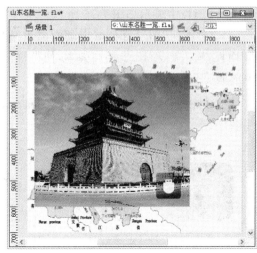

图 7-71　动作面板　　　　　　　　图 7-72　"光岳楼"图形元件传统补间动画

⑰ 单击"文字"图层的第 20 帧,按下 F6 键插入关键帧,在舞台合适位置输入"聊城"城市宣传语"江北水城 运河聊城";选择文本,设置文本属性并连续两次按下 Ctrl＋B 组合键将其分离为图形,在第 25 帧插入关键帧,在第 26 帧插入空白关键帧防止文字出现在下一城市图片上;选择【窗口】菜单中的【颜色】命令,打开"颜色"面板,如图 7-73 所示。分别在第 20帧和第 25 帧设置不同文字填充色,并创建"传统补间形状"动画,效果如图 7-74 所示。

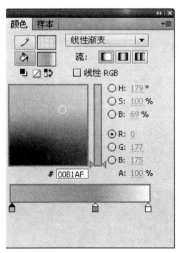

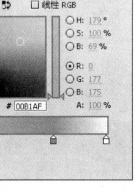

图 7-73　颜色面板　　　　　　　　图 7-74　给"聊城"宣传语填充渐变色

⑱ 选择【插入】菜单中的【新建元件】命令,创建名称为"返回"的按钮元件,如图 7-75 所示;在"按钮"图层的第 25 帧按下 F6 键插入关键帧,将该按钮拖放至舞台右下角;单击该图层的第 25 帧,右击鼠标打开"动作"面板,输入脚本"stop();"使动画停留在该帧等待用户返回"山东地图",在该帧"返回"按钮上输入如下脚本:

```
on(release){
gotoandstop(9);
}
```

动作面板中显示如图 7-76 所示。

⑲ 在"按钮"图层每个城市画面显示结束帧处按下 F6 键插入关键帧,并分别打开"动作"面板,输入和第 18 步相同脚本,使得每个城市风景画面显示结束后停止播放动画,通过单击"返回"按钮跳转到"山东地图"画面。

图 7-75 "返回"按钮元件　　　　　　　　图 7-76 "返回"按钮脚本

⑳ 在"遮罩层"图层上右击鼠标,选择【遮罩层】命令,将该图层设置为遮罩层,单击该图层第 26 帧,绘制小椭圆,单击第 34 帧,按下 F6 键插入关键帧,将椭圆放大至直径接近舞台大小,鼠标右击两帧之间的任意帧,选择【创建形状补间】命令;在第 35 帧处插入"空白关键帧"使遮罩效果在第 34 帧处结束,单击其间某帧,效果如图 7-77 所示。

㉑ 在"文字"图层的第 35 帧插入关键帧,在舞台中输入济南城市宣传语"泉甲天下 锦绣济南",在第 40 帧处插入关键帧,文字属性设置和补间动画设置参照第⑯步,效果如图 7-78 所示。

图 7-77 为"济南"创建遮罩动画　　　　　　图 7-78 给"济南"宣传语填充渐变色

㉒ 单击"遮罩层"的第 41 帧,绘制多边形,单击第 49 帧,按下 F6 键插入关键帧,参照第

⑲步在第 41 帧和第 49 帧之间执行【创建形状补间】动画，单击其间某帧，效果如图 7-79 所示。

㉓ 在"文字"图层的第 50 帧插入关键帧，在舞台中输入青岛城市宣传语"黄海明珠 辉煌青岛"，在第 55 帧处插入关键帧，文字属性设置和补间动画效果参照第⑯步，效果如图 7-80 所示。

图 7-79 为"青岛"创建遮罩动画   图 7-80 给"青岛"宣传语填充渐变色

㉔ 单击"风景"图层的第 56 帧，右击鼠标，选择【转换为元件】命令，将"滨州"图片转换为名称为"孙子故居"的图形元件；单击【窗口】菜单【属性】命令，打开"属性"面板，设置 Alpha 值为 68%，如图 7-81 所示；单击第 64 帧，设置 Alpha 值为 100%，右击第 56 帧和第 64 帧之间的某帧执行【创建传统补间】动画，部分时间轴状态如图 7-82 所示，动画效果如图 7-83 所示。

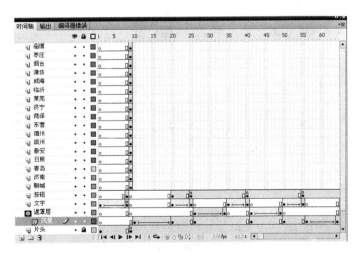

图 7-81 设置实例 Alpha 值   图 7-82 部分时间轴状态

㉕ 在"文字"图层的第 65 帧插入关键帧，在舞台中输入滨州城市宣传语"四环五海 生态滨州"，在第 70 帧处插入关键帧，文字属性设置和补间动画效果参照第⑯步，效果如图 7-84

所示。

图 7-83　为"滨州"设置透明度渐变

图 7-84　给"滨州"宣传语填色

㉖ 单击"遮罩层"的第 71 帧,绘制矩形,单击第 79 帧,按下 F6 键插入关键帧,参照第⑲步在第 71 帧和第 79 帧之间执行【创建形状补间】动画,单击其间某帧,效果如图 7-85 所示。

㉗ 在"文字"图层的第 80 帧插入关键帧,在舞台中输入菏泽城市宣传语"牡丹之乡 文蕴菏泽",在第 85 帧处按下 F6 键插入关键帧,文字属性设置和补间动画效果参照第⑯步,效果如图 7-86 所示。

图 7-85　为"菏泽"创建遮罩动画

图 7-86　给"菏泽"宣传语填色

㉘ 单击"遮罩层"的第 86 帧,绘制和舞台大小相同矩形并移至舞台上方,单击第 94 帧,按下 F6 键插入关键帧并将矩形拖动至正好覆盖舞台,在第 86 帧和第 94 帧之间执行【创建补间形状】动画,单击其间某帧,效果如图 7-87 所示。

㉙ 在"文字"图层的第 95 帧插入关键帧,在舞台中输入德州城市宣传语"神京门户 繁荣德州",在第 99 帧处插入关键帧,文字属性设置和补间动画效果参照第⑯步,效果如图 7-88 所示。

图 7-87　为"德州"创建遮罩动画

图 7-88　给"德州"宣传语填充渐变色

㉚ 单击"遮罩层"的第 100 帧，绘制和舞台大小直径相同的圆形并移至舞台左侧，单击第 109 帧，按下 F6 键插入关键帧并将圆形拖动至覆盖舞台，在第 100 帧和第 109 帧之间执行【创建补间形状】动画，单击其间某帧，效果如图 7-89 所示。

㉛ 在"文字"图层的第 110 帧插入关键帧，在舞台中输入东营城市宣传语"黄龙入海 壮美东营"，在第 114 帧处插入关键帧，文字属性设置和补间动画效果参照第⑯步，效果如图 7-90 所示。

图 7-89　为"东营"创建遮罩动画

图 7-90　给"东营"宣传语填充渐变色

㉜ 单击"遮罩层"的第 115 帧，绘制和舞台大小相同的矩形并移至舞台左侧，单击第 124 帧，按下 F6 键插入关键帧并将矩形拖动至正好覆盖舞台，在第 115 帧和第 124 帧之间执行【创建形状补间】动画，单击其间某帧，效果如图 7-91 所示。

㉝ 在"文字"图层的第 125 帧插入关键帧，在舞台中输入莱芜城市宣传语"矿冶之城 绿色莱芜"，在第 129 帧处插入关键帧，文字属性设置和补间动画效果参照第⑯步，效果如图 7-92 所示。

图 7-91　为"莱芜"创建遮罩动画　　　　　　图 7-92　给"莱芜"宣传语填充渐变色

㉞ 单击"遮罩层"的第 130 帧，绘制和舞台大小相同的矩形并移至舞台右侧，单击第 139 帧，按下 F6 键插入关键帧并将矩形拖动至正好覆盖舞台，在第 130 帧和第 139 帧之间执行【创建补间形状】动画，单击其间某帧，效果如图 7-93 所示。

㉟ 在"文字"图层的第 140 帧插入关键帧，在舞台中输入临沂城市宣传语"沂蒙山水 秀美临沂"，在第 144 帧处插入关键帧，文字属性设置和补间动画效果参照第⑯步，效果如图 7-94 所示。

图 7-93　为"临沂"创建遮罩动画　　　　　　图 7-94　给"临沂"宣传语填充渐变色

㊱ 单击"遮罩层"的第 145 帧，绘制小五角星并移至舞台中央，单击第 153 帧，按下 F6 键插入关键帧并绘制直径和舞台高度相同正圆正好覆盖整个舞台，在第 145 帧和第 153 帧之间执行【创建补间形状】动画，单击其间某帧，效果如图 7-95 所示。

㊲ 在"文字"图层的第 154 帧插入关键帧，在舞台中输入济宁城市宣传语"孔孟之乡 人文济宁"，在第 159 帧处插入关键帧，文字属性设置和补间动画效果参照第⑯步，效果如图 7-96 所示。

图 7-95 为"济宁"创建遮罩动画　　　　　　图 7-96 给"济宁"宣传语填充渐变色

㊳ 单击"遮罩层"的第 160 帧，绘制小圆形并移至舞台中央，单击第 168 帧，按下 F6 键插入关键帧并绘制和舞台大小相同的矩形正好覆盖整个舞台，在第 160 帧和第 168 帧之间执行【创建形状补间】动画，单击其间某帧，效果如图 7-97 所示。

㊴ 在"文字"图层的第 169 帧插入关键帧，在舞台中输入枣庄城市宣传语"冠世榴园 红色枣庄"，在第 174 帧处插入关键帧，文字属性设置和补间动画效果参照第⑯步，效果如图 7-98 所示。

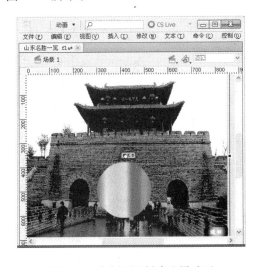

图 7-97 为"枣庄"创建遮罩动画　　　　　　图 7-98 给"枣庄"宣传语填充渐变色

㊵ 单击"遮罩层"的第 175 帧，绘制小五角星并移至舞台中央，单击第 184 帧，按下 F6 键插入关键帧并放大五角星，使其覆盖大部分舞台，在第 175 帧和第 184 帧之间执行【创建形状补间】动画，单击其间某帧，效果如图 7-99 所示。

㊶ 在"文字"图层的第 185 帧插入关键帧，在舞台中输入泰安城市宣传语"五岳独尊 盛世泰山"，在第 189 帧处插入关键帧，文字属性设置和补间动画效果参照第⑯步，效果如图 7-100 所示。

图 7-99　为"泰安"创建遮罩动画

图 7-100　给"泰安"宣传语填充渐变色

　　㊷ 单击"遮罩层"的第 190 帧,绘制小矩形并移至舞台左上角,单击第 199 帧,按下 F6 键插入关键帧并绘制和舞台大小相同的矩形正好覆盖整个舞台,在第 190 帧和第 199 帧之间执行【创建形状补间】动画,单击其间某帧,效果如图 7-101 所示。

　　㊸ 在"文字"图层的第 200 帧插入关键帧,在舞台中输入威海城市宣传语"海滨花园 人居威海",在第 205 帧处插入关键帧,文字属性设置和补间动画效果参照第⑯步,效果如图 7-102 所示。

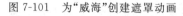

图 7-101　为"威海"创建遮罩动画

图 7-102　给"威海"宣传语填充渐变色

　　㊹ 单击"遮罩层"的第 206 帧,绘制小圆形并移至舞台左下角,单击第 214 帧,按下 F6 键插入关键帧并绘制直径和舞台高度相同的圆形覆盖舞台,在第 206 帧和第 214 帧之间执行【创建形状补间】动画,单击其间某帧,效果如图 7-103 所示。

　　㊺ 在"文字"图层的第 215 帧插入关键帧,在舞台中输入潍坊城市宣传语"放歌鸢都 腾飞潍坊",在第 220 帧处插入关键帧,文字属性设置和补间动画效果参照第⑯步,效果如图 7-104 所示。

图 7-103　为"潍坊"创建遮罩动画

给"潍坊"宣传语填充渐变色

　㊻单击"遮罩层"的第 221 帧,绘制小圆形并移至舞台中央,单击第 229 帧,按下 F6 键插入关键帧并绘制和舞台大小相同的矩形正好覆盖整个舞台,在第 229 帧和第 230 帧之间执行【创建形状补间】动画,单击其间某帧,效果如图 7-105 所示。

　㊼在"文字"图层的第 230 帧插入关键帧,在舞台中输入烟台城市宣传语"人间仙境 魅力烟台",在第 235 帧处插入关键帧,文字属性设置和补间动画效果参照第⑯步,效果如图 7-106 所示。

图 7-105　为"烟台"创建遮罩动画　　　　　图 7-106　给"烟台"宣传语填充渐变色

　㊽)单击"遮罩层"的第 236 帧,绘制小五角星并移至舞台中央,单击第 245 帧,按下 F6 键插入关键帧将五角星旋转一定角度再放大至覆盖大部分舞台,在第 236 帧和第 245 帧之间执行【创建形状补间】动画,单击其间某帧,效果如图 7-107 所示。

　㊾在"文字"图层的第 246 帧插入关键帧,在舞台中输入淄博城市宣传语"齐国故都 和谐淄博",在第 250 帧处插入关键帧,文字属性设置和补间动画效果参照第⑯步,效果如图 7-108 所示。

图 7-107　为“淄博”创建遮罩动画

图 7-108　给“淄博”宣传语填充渐变色

(50) 单击“风景”图层的第 251 帧，右击鼠标，选择【转换为元件】命令，将“日照”图片转换为名称为“万平口”的图形元件；单击【窗口】菜单中【属性】命令，打开“属性”面板，设置 Alpha 值为 60%；单击第 261 帧，按下 F6 键插入关键帧，设置实例的 Alpha 值为 100%，右击第 251 帧和第 261 帧之间的某帧执行【创建传统补间】动画命令，动画效果如图 7-109 所示。

(51) 在“文字”图层的第 262 帧插入关键帧，在舞台中输入日照城市宣传语“阳光之城 多彩日照”，在第 266 帧处插入关键帧，文字属性设置和补间动画效果参照第⑯步，效果如图 7-110 所示。

图 7-109　为“日照”创建淡入淡出动画

图 7-110　给“日照”宣传语填充渐变色

(52) 单击时间轴中“聊城”图层的第 9 帧，在舞台中“聊城”按钮上右击鼠标，选择【动作】命令，打开“动作”面板，在 ActionScript 2.0 中输入如下脚本：

```
on(release){
gotoandplay(10);
}
```

“动作”显示如图 7-111 所示。

图 7-111　动作面板中的脚本

㊝ 采用和第㊌步相同的方法，分别单击其他城市图层的第 9 帧中，给舞台中相应城市名的按钮添加脚本。它们的区别是：不同的城市语句"gotoandplay（ ）"括号中的帧数不同，必须和第⑭步中的帧数一致；使用户在"山东地图"画面，单击某个城市按钮实现到相应城市风景画面的跳转。

㊞ 单击【文件】菜单中的【导入】命令，将声音文件"高山流水.mp3"文件导入到库，并建立"声音文件"库文件夹，将声音文件拖入其中。

㊟ 在时间轴最下方新建图层命名为"背景音乐"，单击该图层第 1 帧，将"库"面板中的"高山流水.mp3"拖入至舞台，在第 266 帧处右击鼠标，选择【插入帧】命令插入普通帧使声音播放时间和画面播放同步；时间轴动画结尾处状态如图 7-112 所示。

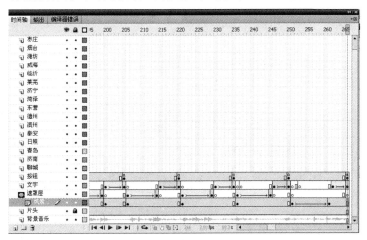

图 7-112　动画结尾处时间轴状态

㊠ 按 Ctrl＋Enter 组合键进行影片测试，测试效果见图 7-58 和图 7-59。

㊡ 选择【文件】菜单【导出】子菜单中【导出影片】命令，导出 SWF 影片文件"山东景点.swf"。

㊢ 选择【文件】菜单【另存为】命令，存储 Flash 源文件"山东景点.fla"。